KB088971

가족과 함께, 신나는 역사 체험 여행

우리 가족 탐험대의
역사 타임머신

가족과 함께, 신나는 역사 체험 여행

우리 가족 탐험대의
역사 타임머신

선사 시대

조성군 지음

두드림미디어

어느덧 첫째 딸이 어린 시절을 기억할 나이인 8살, 둘째 딸이 5살이 되어간다. 아빠로서 나의 로망은 사랑하는 아내, 자녀들과 함께 세상 곳곳을 여행 다니는 것이다.

아이들의 소중한 시간 사이에 여행의 추억을 담아주고자 마음을 먹고 찬찬히 계획을 세워보았다. 그러다 문득 역사 여행을 시켜주고 싶다는 생각이 들었고, 역사 순서대로 차근차근 보여주고 싶다는 마음이 생겨 우리나라의 역사 유적지를 시간 순서대로 정리하기 시작했다.

'만일 2주에 한 번씩 간다면, 2년 혹은 3년 정도면 우리 역사를 다 살펴볼 수 있지 않을까?' 어느덧 풍선처럼 크게 부풀어버린 마음이 펑 하고 터져버릴까 걱정도 되었지만, 이번에는 각오를 단단히 다져본다.

이 책은 그 부푼 각오를 실현해보기 위한 나의 약속이다. 또한 우리 가족같이 자녀 교육에 관심을 두고 가족 여행을 하고자 하는 가족들, 또 역사 탐방을 좋아하는 친구들에게 권하는 안내서이자 탐험 일지로

써 그 역할을 다할 수 있기를 바란다.

그래서 오늘도 타임머신에 힘찬 시동을 걸어본다.

"바다로 출항하는 것에는 위험이 따른다. 그러나 출항하지 않으면 기회도 없다."

요한 볼프강 폰 괴테(Johann Wolfgang von Goethe)

조성군

★ 차례 ★

70만 년 전

단양 금굴 선사유적

한반도에 사람이 처음 등장했습니다.
곧선사람입니다.

6000년 전

6500년 전

여섯 번째 목적지
'중기 신석기' 입니다.
세계에서 가장 오래 된 배가
발견되었습니다.

다섯 번째 목적지
'중기 신석기' 입니다.

패총 유적이 증가하고,
잡곡 농경이 시작됩니다.

5000년 전

4500년 전

B.C.E. 2333

3300년 전

거주 영역이 내륙으로
확산됩니다.
재배 볍씨가 발견됩니다.

일곱 번째 목적지
'후기 신석기' 입니다

단군 왕검이
고조선을
건국합니다.

정선 아우라지 유적

한반도 청동기가
본격화됩니다.

구석기·중석기
신석기
청동기

30만 년 전

(12)

연천 전곡리 선사유적

첫 번째 목적지
'전기 구석기' 입니다

20만 년 전

공주 석장리에
슬기사람이 등장했습니다.

12만 년 전

(27)

공주 석장리 선사유적

두 번째 목적지
'중기 구석기' 입니다

4만 년 전

흥수아이 유골이
발견되었습니다.

8000년 전

(60)

양양 오산리 선사유적

네 번째 목적지
'초기 신석기' 입니다

1만 년 전

신석기가
시작됩니다.

1만 2000년 전

제주 고산리 선사유적

중석기 시대입니다.
개를 사육하고,
세석기를 사용합니다.

3만 5000년 전

(42)

단양 수양개 선사유적

세 번째 목적지
'후기 구석기' 입니다.
슬기슬기사람이 등장했습니다.

3200년 전

(126)

진주 대평리 유적

여덟 번째 목적지
'전기 청동기' 입니다

2800년 전

(142)

고창 죽림리 유적

아홉 번째 목적지
'중기 청동기' 입니다

2700년 전

제천 양평리 유적

한반도에 비파형 동검이
제작 및 보급 됩니다.

2600년 전

(161)

부여 송국리 유적

열 번째 목적지
'후기 청동기' 입니다

(182)

**탐험 스탬프
탐험 수첩**

우리 가족 탐험대 소개

✮ 조윤 (8살) ✮

용감하고 씩씩한
'탐험 대장'

✮ 조율 (5살) ✮

호기심 가득한
'그럼 나도 대장'

✮ 아빠 ✮

일단 가보자
'타임머신 조종사'

✮ 엄마 ✮

뭐든지 알려주는
'똑똑 박사님'

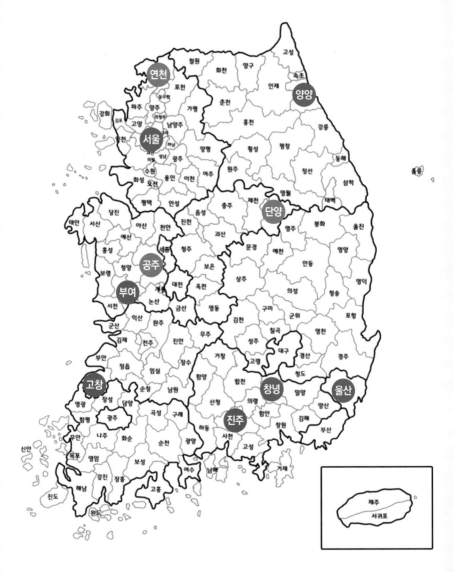

● 구석기　● 신석기　● 청동기

PART

01

구석기·중석기

전기 구석기
연천 전곡리 선사유적

중기 구석기
공주 석장리 선사유적

후기 구석기·중석기
단양 수양개 선사유적

01

연천

전곡리 선사유적_선사체험마을, 전곡선사박물관

30만 년 전

* 본 안내도는 '전곡 구석기 축제 운영 안내도'입니다.

주소 경기 연천군 전곡읍 양연로 1510 **연락처** 031-832-2570
운영 09 : 00 ~ 18 : 00(동절기 ~ 17 : 00) **휴무** 매주 월요일, 신정, 설날, 추석
요금 입장료 무료, 주차료 무료(선사체험마을 프로그램 유료)
시간 약 2시간 소요(선사체험마을 체험시간 별도)

(2023년 10월 21일 기준)

우리 가족 탐험대 출발!

시월이 저물어가는 하루, 마지막 빗방울을 뿌리고 먹구름이 물러나며 파란 가을 하늘을 보여주었다. 우리 가족 탐험대의 첫 목적지는 약 30만 년 전 전기 구석기 시대, 역사 교과서 첫 페이지에 늘 등장하던 바로 '경기도 연천 전곡리 선사유적지'다.

도착해보니 감탄사가 먼저 나온다. 굽이돌아가는 한탄강과 그 주변을 방벽처럼 감싸고 있는 산봉우리들, 그리고 넓고 평탄한 초지. 구석기인들이 왜 이곳에 삶의 터전을 세웠는지 깨닫고 바로 무릎을 '탁' 치게 된다.

파란 가을 하늘과 단풍도 좋았지만, 때마침 유적지에서 열리고 있는 국화 전시회와 지역 먹거리장터는 풍요로움을 더해주었다. 유적지를 활용해 지역 축제를 개최하니, 각지에서 모여든 사람들로 주차장에서부터 활기가 넘친다. 우리 탐험대도 연천의 특산품인 잣과 율무, 사과로 입안 가득 행복을 채우며 입구로 향했다.

제일 먼저 우측에 있는 방문자센터를 마주하게 된다. 경사진 복도를 따라 아래로 내려가면 구석기 시대로 들어온 듯 생생한 전면 벽화가 공간을 압도한다.

해설사 선생님이 이 벽화 곳곳을 짚어가며 아이들에게 구석기 시대 생활상을 설명해주시기에 이해도 잘되고 좋았다. 깔끔하게 정리된 전시물도 인상적이다.

연천 전곡리 유적은 동아시아에서 최초로 아슐리안형 주먹도끼가 발견된 곳이라고 한다. 이 발견으로 인해 그동안 동아시아 인종과 문명을 무시해오던 서양인들을 꿀 먹은 벙어리로 만들어주었다고 하니, 참 통쾌하고 멋진 에피소드가 있는 장소가 아닐 수 없다.

그들이 주먹도끼를 휘두르며 사냥하고 살았을 넓은 잔디 공터가 눈앞에 펼쳐진다. 이미 개구쟁이 탐험대장들은 신이 나서 온 들판을 뛰어다니고, 어른들도 소풍 온 듯 동심으로 돌아가게 된다.

선사 시대 조형물과 막집 앞에 친절하게 설명된 안내판이 있었다. 막집은 구석기 선사인들이 땅 위에 최초로 건설한 원뿔꼴의 건축물이다. 아이들을 불러서 각각의 내용을 설명해주려다가, 막집에서 숨바꼭질하며 자연스레 구석기인 체험을 하는 모습을 보고 자유롭게 배우도록 두었다. 곳곳에 설치된 주먹도끼 모양의 음수대와 돌로 만들어진 분리수거장마저도 구석기 시대의 느낌을 잘 살려놓았다.

전곡리 토층전시관은 당시 유적 발굴 현장을 생생하게 느껴볼 수 있는 곳이다. 당시에 사용한 장비 및 역사적 발견을 보도한 신문과 자료 등이 잘 전시되어 있다. 그리고 이곳에서 선사체험마을 프로그램도 사전 신청 또는 현장 신청해서 참여할 수 있으니 꼭 방문하기를 추천한다.

길을 따라 400m 남짓 더 이동하면 능선을 넘어 전곡선사박물관이 마치 착륙한 우주선처럼 갈대숲 사이에 자리하고 있다. 선사유적지 입구의 반대편에 멀리 떨어져 있기 때문에, 만일 박물관을 중심으로 견학하고 싶다면 선사박물관 주차장을 검색해 이용하는 편이 좋을 것이다.

개관한 지 10년이 넘은 박물관이지만 새로 지은 듯 깔끔하고 편리하게 운영되고 있으며, 특히 고고학 체험실 내에 있는 '선사인 외치'와 '새끼 매머드 디마'의 미라 모형은 너무 실감이 나서 모두의 발길을 멈추게 한다. 상설전시실의 '인류 진화의 위대한 행진' 전시물과 선사 시대 동굴벽화 모형도 인상적이었다. 외부에서 느낀 것보다는 실내 규모가 크지 않기에 30분 정도면 여유 있게 모두 관람할 수 있었다.

이곳 전곡리 유적에서 가장 인상 깊은 활동이자, 엄지를 척 올릴 수 있는 추천 활동은 바로 선사체험마을 프로그램이다. 토기는 신석기, 그리고 고인돌도 청동기는 되어야 등장하고, 구석기 유적과 유물이라고는 오로지 석기와 유골뿐이다. 그래서 다른 시대에 비해 볼거리가 아쉽다고 느껴지던 찰나였기에, 구석기인 체험을 해볼 수 있다는 점은 매우 의미 있게 다가왔다. 모형을 갖고 하거나 컴퓨터로 가상 체험하는 것이 아니라 전문가 선생님들과 실제 돌을 깨서 주먹도끼를 만들고, 나뭇가지를 모아 막집을 짓는 등의 체험을 했기에 아이들에게도 잊지 못할 소중한 경험이 되었을 것이다.

체험 코스는 구석기 시대의 대표적 거주지인 막집 짓기, 석기 발굴체험, 주먹도끼 만들기 시연, 그리고 기념품으로 가져갈 수 있는 동굴벽화 탁본과 조개 목걸이 만들기가 있다. 이외에 자율 활동으로 구석기 가죽 의상 입어보기 체험도 가능한데, 체험 활동을 시작하기에 앞서 체험 의상을 입고 참여해보면 보다 멋진 추억을 만들 수 있을 것이다.

초등학생은 물론 중학생까지도 재미있게 참여할 수 있는 수준이며, 어른들도 함께 배우는 재미가 있었다. 가족과 함께 체험한다는 점이 더욱 뜻깊었다. 교육을 담당하신 선생님들도 다음 시간대 체험단이 들어올 때까지 2시간을 열정으로 가득 채워서 설명해주셨다.

처음 올 때는 '유적지에서 길어야 3~4시간 보내겠지' 하고 생각했는데, 걷고 구경하고 사진 찍고 체험하며 알차게 다니다 보니 어느새 해가 서서히 저물어 간다. 무려 6시간이나 훌쩍 지나버린 것이다.

떠나기 전 방문자센터 위에 있는 카페에서 '연천율무 주먹도끼빵'을 구입했다. 주먹도끼 모양의 빵 속에 든 블루베리, 팥, 레몬, 슈크림의 4가지 맛을 서로 한 입씩 맛보며 오늘 탐험을 정리해본다.

우리 가족 탐험대는 시대순으로 여행하고자 목표를 세웠는데, 사전
조사 결과 선사 시대 유적지는 대부분 여러 시기의 유물이 함께 전시된
경우가 많았다. 그런데 이곳은 곧선사람(호모에렉투스)이 주먹도끼를 휘
두르며 살아가던 12만 년 이전의 전기 구석기 시대를 집중적으로 재현
하고자 했다는 점이 매우 인상적이고 좋았다.

행복해하는 아이들, 그리고 만족스러운 체험과 경험.
'우리 가족 탐험대의 첫 번째 타임머신 여행 성공! 다음번에는 중기
구석기로 떠나보자!' 하며, 모두 집에 와서 기절하듯 잠이 들었다.
꿈속에서 구석기인이 부르는 나지막한 노래 한 소절을 들은 듯했다.

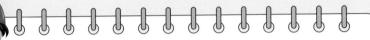

탐험을 떠나기 전, 알아보아요!

연천 전곡리 선사유적지는?

약 50만 년 전후 형성된 한탄강 현무암층 바로 위에서 주먹도끼가 발견되었어요. 연대측정 결과, 최소 30만 년 전 전기 구석기 시대, 이곳에서 곧선사람(호모에렉투스)이 모여 살았을 것으로 보고 있답니다. 이곳은 당시 구석기인의 생활 모습을 밝혀줄 중요한 유적으로, 사적 제268호로 지정되어 있어요.

유적지 내 잔디 공터, 토층전시관, 선사체험마을 등이 잘 조성되어 있으며, 2011년 전곡선사박물관이 개관해 유물들을 잘 보존하고 있지요. 전곡선사박물관은 국내에서 유일하게 화석 인골 모형을 전시하고 있답니다.

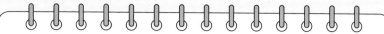

조금 더 알아보아요!

전곡리 선사유적에서 주먹도끼를 발견한 것이 왜 중요한가요?

구석기 시대의 유물이 발견되었다는 것은, 먼 옛날부터 사람들이 터를 잡고 살기에 좋은 지역이라는 의미이기도 해요. 하지만 우리나라를 포함한 동아시아에서는 오랫동안 구석기 시대 유물이 발견되지 않았지요. 그래서 20세기 초까지는 유럽과 아프리카, 중동과 인도에만 구석기 인류가 살았을 것이라는 추측이 많았어요.

1918년 중국에서 비로소 구석기인 화석이 발견되었지만, 이번에는 구석기인의 대표적인 만능 도구였던 주먹도끼가 발견되지 않았기 때문에 동아시아의 구석기 인종과 문화가 서구 유럽에 비해 뒤떨어진다는 잘못된 견해가 강했어요. 이를 **모비우스 학설**이라고 합니다.

그러던 어느 날, 히말라야산맥 동쪽에서는 최초로 바로 이곳 전곡리 유적지에서 아슐리안형 주먹도끼가 발견되었어요. 양면이 가공된 석기의 발견은 동아시아에도 다른 지역처럼 진화한 구석기인들이 살았다는 증거가 되었지요. 그래서 전곡리 주먹도끼는 전 세계가  동아시아의 문화와 역사를 다시 바라보게 만든 매우 의미 있는 유물이랍니다.

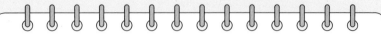

한반도 최초의 구석기 유물 발견은 언제인가요?

우리나라는 개화기를 거쳐 일제 강점기에 들어서면서 사실상 고고학 연구가 어려웠어요. 일제 강점기였던 1933년, 함경북도 동관진(북한 두만강변)에서 철도 공사 중 매머드 등 동물의 화석과 함께 후기 구석기 시대의 유물로 추정되는 흑요석으로 만든 석기 2점, 그리고 뼈로 만든 골각기 등이 발견되었어요. 하지만 1934년 발굴을 담당한 일본인 모리는 "한반도에는 구석기 시대가 없다"라며 무시하고 덮어버렸지요. 그 당시까지 일본 땅에서 구석기 유물이 발견되지 않자, 식민지인 한국 땅에서만 구석기 유물이 발굴된 것을 시샘했던 것이에요.

하지만 이후 1964년 공주 석장리에서 남한 최초로 구석기 유적을 찾아냈으며, 심지어 1980년 단양 금굴(사진)에서는 70만 년 전 곧선사람이 사용한 도구들이 발견되면서 한반도의 선사 시대를 크게 앞당겼어요. 이로써 그 어떤 학자도 더 이상 한반도에 구석기가 없다고 주장할 수 없게 되었지요.

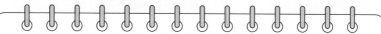

인물을 소개합니다!

그렉 보웬(Greg L. Bowen)

1978년 미군 병사 그렉 보웬은 친구와 한탄강에 왔다가 이상한 모양의 돌을 여러 개 발견했어요. 고고학을 전공했던 그는 돌들을 가져와 조사를 맡겼고, 이것이 30만 년 전 아슐리안형 주먹도끼로 밝혀지면서 서양뿐만 아니라 동아시아에도 양면 가공 석기가 존재했음이 증명되었지요. 또한 이후 유적 발굴 과정에서 주먹도끼, 찍개, 가로날도끼, 긁개 등 무려 8,500여 점의 유물이 발견되었어요.

▲ 사적 제 268호 아슐리안형 주먹도끼

그렉 보웬에 대해 더 자세히 알고 싶은 분은 하단의 큐알코드를 참조해주세요.

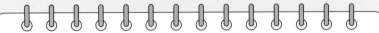

탐험 팁과 이모저모!

- 방문자센터 입구에 보면 문화재청과 한국문화재단이 주관하는 **《문화유산 방문자 여권 투어 스탬프》**를 찍을 수 있어요.
- **선사체험마을 개인 체험**은 주말 및 공휴일에만 가능하고, 연천군 통합예약 홈페이지를 통해 사전 예약할 수 있어요.
- 전곡리 유적지 바로 옆에는 **구석기 체험숲**이 있어서 사전 예약 후 캠핑하며 주변을 보다 여유 있게 구경할 수 있답니다.
- 방문자센터 위에 **로이카페**가 있어 간단한 식음료를 먹을 수 있어요. **연천율무 주먹 도끼빵**과 **도끼쿠키**는 한번 먹어보아야겠지요?
- 매년 5월 **연천 전곡리 구석기 축제**는 세계 최대 규모의 구석기 문화 축제로 선사체험 국제 교류 및 다양한 행사가 진행된다고 해요.

▲ 선사유적에서 열리는 10월 국화 축제

▲ 구석기 축제(출처 : 연천군 공식 블로그)

무엇무엇이 기억에 남았나요?

조개 목걸이를 만들었고
박물관에서 뼈조각을 봤다

어떤 생각과 느낌이 들었나요?

기뻤다 그리고 막잠을
만들어서 재미있었다

무엇이 궁금해졌나요?

구석기인들은 뭘 먹었나

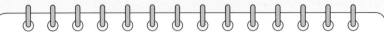

탐험 대장의 궁금증

전기 구석기인들은 뭘 먹었나요?

전기 구석기인들은 가족 등 소규모 단위로 무리 생활을 했으며, 대부분 동굴과 바위 그늘에 숨어 살았어요. 먹을 것은 열매와 식물 뿌리, 죽은 동물의 고기 등이었는데, 기후가 춥고 도구와 기술이 발달하지 않아 구하기 어려웠지요. 그래서 채집할 수 있는 열매와 뿌리가 바닥나면 다른 곳으로 이동하면서 살았을 것으로 보고 있습니다.

또 다른 탐험을 추천합니다!

- **단양 금굴**: 한반도에서 인류가 살았던 가장 오랜 흔적이 있었던 유적입니다. 다만 그들이 살았던 80m 깊이의 동굴을 견학하는 것이지, 출토 유물은 모두 연세대학교 박물관 등에 옮겨져 있답니다.
- **영화 〈크루즈 패밀리〉**: 드림웍스의 2013년 애니메이션 가족영화예요. 〈크루즈 패밀리〉는 동굴에 숨어 살던 곧선사람 가족, 그리고 불을 다루는 앞선 기술의 슬기사람이 만나 서로를 이해하고 발전해나가는 과정을 재미있게 그려냈어요.

출처 : 드림웍스

02

공주

석장리 선사유적_석장리박물관

① 상설전시관 ② 야외선사공원 ③ 발굴지 ④ 체험학습관
⑤ 파른 손보기 기념관 ⑥ 방문자센터

주소 충남 공주시 금벽로 990
운영 09 : 00 ~ 18 : 00(동절기 ~ 17 : 00)
요금 입장료 유료, 주차료 무료(통합관람권 있음, 해설 매일 6회)
시간 약 2시간 소요

연락처 041-840-8924
휴무 신정, 설날, 추석

(2023년 10월 28일 기준)

공주 석장리 유적은 약 20만 년 전 전기 구석기 시대부터 사람이 살았던 곳으로 알려져 있다. 그러나 우리는 오늘 석장리의 12만 년 전에서 3만 5000년 전 사이, 즉 중기 구석기 시대를 찾아 들어가보려고 한다.

매머드가 살던 과거로 출발해보자!

우리 가족의 여행담을 들은 동료 선생님이 한반도 구석기를 굳이 전기, 중기, 후기로 나눠서까지 탐방할 필요가 있느냐고 물으셨다. 하지만 구석기는 무려 70만 년이나 되는 긴 시간이다. 이를 세 조각으로나마 나눠서 보는 것은 어찌 보면 당연하다는 생각이 든다. 또한 이 세 시기의 한반도 주인공이 곧선사람, 슬기사람(호모사피엔스), 슬기슬기사람(호모사피엔스사피엔스)으로 서로 다르다는 학설을 따라 보면 더욱더 구분해야 하는 필요성을 느낀다.

주차장에 도착하자 한편에 놓인 매머드 사냥 조형물이 초라하게 보일 정도로 큼직한 방문자센터가 시야를 가득 채운다. 좌측의 전시동과 우측의 복합 문화동으로 이루어져 있으며, 내부에 영상실, 전시 공간이

자리하고 있다. 아쉬운 점은 방문센터가 정문같이 보여서 잘 모르면 출입구로 생각하고 그냥 지나칠 법하다. 또 열린 공간이라는 느낌보다는 사무공간 같다는 느낌이 강해서 선뜻 방문하기가 주춤해진다. 좀 더 건물 내부로 안내하는 표지가 잘되어 있으면 좋겠다는 생각이 들었다.

　복합 문화동의 옥상 공원에서 유적지 전경을 둘러보고 내려와보자. 좁은 계단을 하나씩 내려오다 보면 마치 시간의 틈새를 통과하는 느낌이다. 그렇게 구석기 시대로 들어서자, 눈앞에 잘 지어진 막집 한 채와 다정한 선사인 가족들이 눈에 들어온다.

탐험대장은 막집 안팎을 둘러보더니 전곡리보다 튼튼하고 정성스럽게 만들었다며 칭찬을 해주었다.

뒤로 석장리 선사유적지가 펼쳐진다. 전곡리 유적이 끝이 어딘가 싶을 정도로 거대한 규모의 초지였다면, 석장리 유적은 마치 시골 분교에 온 듯 아담하고 평화로움이 깃들어 있는 삶의 터전으로 느껴진다. 옆에 잔잔히 흐르는 금강은 시간의 흐름을 잊게 해주었고, 유적 발굴지 바로 위에 세워진 박물관이기에 선사인이 살았던 삶의 공간을 더욱 가깝게 체감할 수 있다.

이끌리듯 풀밭 너머로 뛰어가는 아이들을 따라 건물을 뒤로하고 먼저 '한국 구석기 첫 발굴지'를 향해본다.

첫 구석기 발굴 유적지에 자랑스럽게 태극기가 펄럭이니 무언가 자부심이 느껴진다. 발굴자들은 얼마나 설레었을까. 당시 이곳에서 구석기 유물이 발견되자 석장리 주민 중에는 진로를 바꿔 고고학을 전공한 사람들도 많았다고 한다.

언덕 위로 다시 올라오면 체험학습장이 보인다. 상설 체험은 스크래치부터 선사 시대 의상 체험까지 총 8가지가 있는데, 초등학생이 체험하기에 적당한 수준이다. 선사 시대 의상 체험은 무늬가 그려진 얇은 천이 아니라 정교하게 재현된 사슴 가죽옷이 준비되어 있어서 기념 촬영을 하면 더 몰입감을 준다. 체험 프로그램 중 우리가 선택한 '조개 화석 만들기'는 다른 곳에서 볼 수 없던 체험이라 소요 시간이 오래 걸림에도 인기가 많았다. 우리 가족은 우연히도 체험학습장을 먼저 방문했기에, 점토로 만든 조개 화석이 충분히 굳기 위한 1시간 동안 여유롭게 다른 곳을 견학하고 올 수 있었다.

　원시 벽화가 그려진 모형 동굴을 지나 구석기 테마동산에 들어섰다. 이곳에서는 사냥하고, 요리하는 등 하루를 바쁘게 보내는 여러 선사인을 만나 볼 수 있다. 곳곳에 놓인 조형물들은 선명하게 채색되어 있어서, 다른 곳에서 보았던 구리 동상들보다 더 생생하게 느껴진다. 그리고 확실히 전기 구석기보다는 조금 더 발전된 중기, 후기 구석기인의 생활 모습과 도구들이 잘 표현되어 있어 만족스러웠다.

　후기 구석기로 향해 가면서 구석기인들은 서서히 동굴에서 나와 평지로 내려왔고, 임시 주거 공간인 막집을 짓기 시작했다고 한다. 공주,

제천, 동해. 이렇게 한반도 세 지역에서 발견된 각기 다른 형태의 막집 복원 모형을 볼 수 있었다. 이제 실내 전시관으로 가보자.

멧돼지에 쫓겨 옥상 위를 달려가는 선사인의 역동적인 조형물이 있는 건물이 '손보기 기념관'이다. 공주 석장리 유적을 처음 발굴한 손보기 선생님의 이름을 따서 만든 이곳은 여러 기획전시를 진행하고 있는데, 불과 몇 달 전까지 '생각하는 사람, 호모사피엔스' 특별전을 진행했다고 한다. '아, 중기 구석기의 주인공인 슬기사람(호모사피엔스)이 주제였는데 놓치고 말았구나' 하고 아쉬웠는데, 나중에 집에 와서 보니 누리집에 VR 온라인 전시가 남아 있는 것이 아닌가. 참 좋은 세상이다. 직접 견학한 만큼은 아니었지만, 알찬 복습을 할 수 있었다.

상설전시실에서는 구석기에서 청동기에 이르는 선사 문화를 '자연, 인류, 생활, 문화, 발굴'이라는 5가지 주제로 연출한다고 한다. 방문했을 때 재단장을 위한 임시 휴관 중이어서 보지 못해 아쉬웠다. 2024년 4월에 리모델링을 마치고 다시 개관했다고 하니, 다음 방문을 기약해 본다.

어느덧 이곳에 온 지도 3시간이 흘렀다. 나가는 방향에 슬기사람이 돌 조각을 손에 쥐고 깊은 생각에 빠져 있다. 중기 구석기 시대에 들어서면서 인간은 이처럼 관찰하고 원리를 깨치게 되었다고 한다.

이렇게 책과 영상에서 벗어나 직접 찾아가 관찰하고 체험하면서, 우리 가족 탐험대도 쑥쑥 성장하고 발전하고 있으리라 기대해본다.

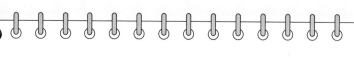

탐험을 떠나기 전, 알아보아요!

공주 석장리박물관은?

1964년 석장리 마을에 큰 홍수가 있고 난 뒤, 미국인 유학생이자 객원교수였던 앨버트 모어(Albert Mohr)는 그의 부인과 함께 무너진 강변을 찾아 10여 점의 뗀석기를 발견했어요. 남한에서 첫 구석기 유물이 발견된 역사적 순간이었지요. 이후 30년간 이어진 조사 결과, 20만 년 전부터 2만 년 전까지 구석기인들이 제작 및 사용한 유물과 예술품, 주거지 흔적과 불 땐 자리 등의 생활문화자료가 다량 출토되었어요. 한반도에 구석기 시대 흔적이 남아 있음을 찾아낸 중요한 고고학적 발견이었으며, 구석기 연구의 시작점이 되었어요. 이후 국내 여러 곳에서 구석기 유적이 발견되었고, 매우 많은 사람이 한반도에 거주했다는 사실이 밝혀졌답니다. 1990년 사적 제334호로 지정되었고, 2006년 발굴지 자리에 국내 최초 구석기박물관인 석장리박물관이 개관했어요.

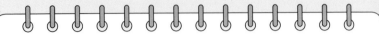

조금 더 알아보아요!

우리 역사를 왜 반만년(5000년)의 역사라고 부르나요?

문자로 기록된 시대를 역사 시대, 그리고 역사 시대 이전의 시대를 선사 시대라고 불러요. 즉, 비록 인류가 약 70만 년 전부터 한반도에 살았지만, 그때는 기록된 역사가 없기에 역사 시대에 포함되지 않는 거예요. 우리의 역사는 약 5000년 전부터 문자로 기록되기 시작했답니다.

전기, 중기, 후기 구석기 시대는 어떻게 나눌 수 있을까요?

덴마크 고고학자 톰센(Thomsen)은 사용한 도구의 재료에 따라 크게 석기, 청동기, 철기 시대로 나누었어요. 그리고 석기 시대는 일반적으로 뗀석기를 사용한 시기를 구석기 시대, 간석기를 사용한 시기를 신석기 시대로 구분하지요.

그럼 이 중, 구석기 시대는 다시 어떻게 구분할 수 있을까요?

약 70만 년 전부터 한반도에 살았던 전기 구석기인은 곧선사람이었으며, 이들은 맹수와 추위를 피해 주로 동굴에 살았고, 낮은 수준의 언어를 사용했어요. 어느 정도 불을 다룰 줄 알았으며, 돌을 깨서 당시 만능 도구로 알려진 주먹도끼와 찍개 등을 만들 줄 알았다고 해요.

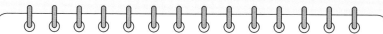

약 12만 년 전 중기 구석기가 되자 슬기사람(호모사피엔스)이 한반도 새 주인 공으로 등장합니다. 슬기사람은 큰 몸돌에서 떼어낸 작은 돌(격지)을 다듬어서 여러 용도로 사용할 수 있었고, 동물 가죽을 걸쳐 입기도 했어요. 그리고 장례식을 치러준 흔적도 있지요. 청주 두루봉 동굴에서 발견된 4만 년 전 흥수아이의 무덤에서는 망자의 영혼을 위해 사용한 것으로 보이는 국화꽃 화석이 발견되기도 했어요.

약 3만 년 전 후기 구석기가 되면 현생 인류의 조상인 슬기슬기사람이 나타나요. 그들은 길쭉한 격지로 돌날을 만들고, 찌르개, 긁개, 밀개 등 훨씬 정교하고 다양한 석기를 만들 수 있었지요. 집단으로 매머드를 사냥하는 용맹한 사냥꾼이었으며, 동굴 벽에 그림을 그리거나 장신구을 제작해 목에 걸고 다니는 멋진 예술가이기도 했답니다. 용감해진 그들은 평지로 내려와 막집을 짓고 살기도 했어요.

인물을 소개합니다!

손보기

　고고학자이자 사학과 교수였던 손보기 선생님은 1960년대 반대를 무릅쓰고 공주 석장리에서 유적 발굴 사업을 진행하셨어요. 그 결과, 수만 점의 유물이 발굴되었고 한반도의 역사를 크게 앞당길 수 있었지요. 또한 당시 일본식 한자어로 된 타제석기, 마제석기 같은 명칭 대신 뗀석기, 주먹도끼, 찌르개 등의 우리말 이름을 사용하게 하는 데 앞장서셨어요.

▲ 파른 손보기 기념관(석장리박물관 내)

　손보기 선생님에 대해 더 자세히 알고 싶은 분은 하단의 큐알코드를 참조해주세요.

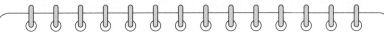

탐험 팁과 이모저모!

- 매년 전국 초등학생 대상으로 구석기를 배우는 **생각하고 느끼는 박물관** 교육 프로그램을 진행하고 있다고 합니다. 또 유아 대상 연극 및 체험놀이 교육 프로그램 **병아리 선사 교실**도 운영해요.
- 체험학습실 체험 중 **화석 만들기**의 경우, 석고가 굳는 데 1시간 정도 소요되니, 만들기 체험을 먼저하고 박물관에 다녀와서 완성품을 받는 것도 좋은 방법입니다.
- 박물관에 편의점이 있으며, 간단한 먹거리와 잔디밭에서 놀거리를 구매할 수 있습니다. 방문자센터에는 금강의 경치를 감상하며 쉴 수 있는 휴게 공간이 마련되어 있어요.
- 누리집에서 온라인 전시도 볼 수 있어요. 기획 전시와 특별 전시로 구성되어 있으며, VR 형식으로 재미있게 관람할 수 있습니다.

무엇무엇이 기억에 남았나요?

화석만들기체험이 재미있 었고
막집이 좀 더 멋있어졌다.

어떤 생각과 느낌이 들었나요?

구석기인들이 사냥을할
때무서웠을 것 같다.

무엇이 궁금해졌나요?

불을 어떻게 피웠을까?

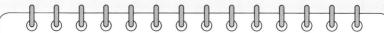

탐험 대장의 궁금증

구석기인들은 불을 어떻게 피웠을까요?

자연적으로 번개가 치거나 산불이 나서 불이 생긴 경우, 그 불씨를 얻어서 잘 보관하려고 노력했을 거예요. 이후 점차 나무와 돌, 끈 등을 마찰시켜 스스로 불씨를 얻는 방법을 알게 되었을 것으로 보입니다. 석장리 유적에는 불을 피워 요리한 화덕 자리도 발견되었어요. 불은 이처럼 추위를 이기게 해주었을 뿐만 아니라, 날고기를 익혀 먹을 수 있게 해주었지요. 사냥 기술이 발달하고 고기를 많이 먹을 수 있게 된 것은 매우 중요해요. 인간의 뇌가 커지면서 보다 좋은 생각을 할 수 있었기 때문이에요.

또 다른 탐험을 추천합니다!

• **충북대학교 박물관** : 중기 구석기 시대의 인류 화석인 흥수아이, 그리고 비슷한 시기인 약 5만 년 전의 구낭굴 유물을 보고 싶다면 이곳을 찾으면 됩니다. 집에서 온라인 전시관으로도 볼 수 있어요.

• **양구 선사박물관** : 상무룡리 구석기 유물을 전시하고 있어요.

• **제주 빌레못동굴 & 발자국 화석공원** : 제주에 슬기사람이 살았던 흔적과 아시아 최초의 발자국 화석도 만나 볼 수 있습니다.

03

단양

수양개 선사유적_수양개 선사유물전시관

3만 5000년 전

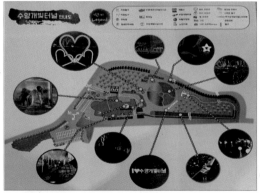

주소 충북 단양군 적성면 수양개유적로 390
운영 09 : 00 ~ 23 : 00(동절기 ~ 22 : 00)
요금 입장료 유료, 주차료 무료(수양개빛터널 입장료 별도)
시간 약 2시간 소요

연락처 043-423-8502
휴무 매주 월요일, 신정, 설날, 추석

(2023년 11월 4일 기준)

고운 옷을 입은 늦가을의 자연은 "단풍 여행 겸 역사 탐험을 오라"며 우리 가족 탐험대를 다시 구석기로 부른다. 오늘은 구석기의 끝인 후기 구석기, 그리고 중석기를 탐험하는 날이다. 목적지를 입력한다.

'3만 5000년 전의 단양 수양개'

단양 읍내를 지나 깊숙이 더 들어가면 오색 불빛이 가득한 터널들을 지나게 된다. 마치 진짜 타임머신을 타고 시간을 이동하는 듯하다.

전시관 문을 열면 시베리아에서 온 매머드와 털코뿔소, 우랄산맥에서 온 동굴곰까지, 구석기 대표 거대 동물 삼총사의 실제 화석이 반갑게 맞이해준다. 오른편에는 전시관 매표소, 왼편에는 해설사 선생님의 공간이 있고, 하얀 대리석으로 정돈된 깔끔한 전시관이다.

이제 몇 번 박물관을 다녀본 아이들은 해설사 선생님의 설명도 제법 잘 듣기 시작했다. 해설사 선생님은 아이들 눈높이에 맞게 간단한 설명을 해주시고, 자유 관람을 할 수 있게 해주셨다. 1전시실 초입에는 한반도의 구석기 시대 연표와 인류의 진화 과정이 잘 정리되어 있다. 구석기인의 동굴 생활을 재현한 디오라마(diorama, 입체 모형)도 인상적이었다.

수양개 선사유물전시관은 청원 두루봉 동굴, 제천 명오리, 제천 창내, 도담 금굴 등 한반도 중원 지역의 주요 구석기 유적지들로부터 모인 석기 유물들이 지역별·종류별·시대별로 전시되어 있어서, 전기·중기·후기 구석기 시대 인류의 도구 발전사를 총정리해서 볼 수 있다는 장점이 있다. 특히 그중 후기 구석기 시대 석기 문화의 정수를 보여주는 유적으로 잘 알려져 있기에, 후기 구석기 탐험지로 뽑게 되었다.

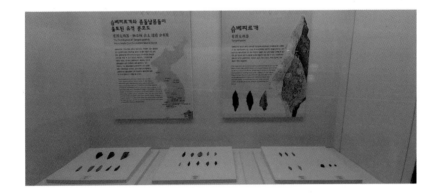

소문대로 매우 발전된 제작 기법을 보여주는 좀돌날, 그리고 대표적인 사냥용 연모였던 슴베찌르개에 대해서 잘 설명되어 있다.

"전기 구석기 주먹도끼! 후기 구석기 슴베찌르개!"

아이들과 신나게 한번 외쳐본다.

홈날, 밀개, 새기개, 긁개 등 이전 시기의 석기 도구들보다 작고 정밀한 형태의 다양한 도구도 눈에 띈다. 예전에 다용도칼 하나로 생활했다면, 이제는 목적에 맞게 용품들을 구비하고 살게 된 것이다.

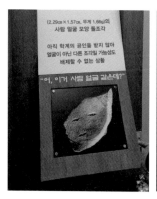

사람 얼굴 모양을 새긴 손톱 크기 돌조각도 인상적이었다. 후기 구석기가 시작되는 3만 5000년 전 문화층에서 출토된 유물인데, 4살 아이도 보자마자 단번에 사람 얼굴이라고 이야기한다. 우연이 아닐까도 생각했지만, 자세히 보면 인중까지 있다. 또한, 1만 8000년 전후의 자갈돌에는 일정한 간격으로 22개의 눈금이 새겨져 있다. 다른 물체의 길이를 잴 수 있는 이런 눈금자가 발견된 것은 동아시아에서 처음이라고 한다.

2전시실은 수양개 유적지 발굴 과정과 출토 유물이 전시되어 있으며, 여기서 발견된 50여 곳의 '석기 제작소'에 대한 설명도 볼 수 있다. 석기 제작소는 당시 전문화된 석기 제작 과정을 추정할 수 있는 중요한 유적으로, 전시실 내 강화유리로 덮은 바닥의 축소 모형과 홀로그램 영상 모두 아이들이 무척 관심 있게 관찰했다.

　한쪽 벽에 설치된 10m 길이의 대형 디오라마는 넓은 공간 안에 수양개 구석기인의 생활양식을 실감나게 재현해, 아이들과 이곳저곳 손가락으로 가리키며 이야기를 나눠보기에 좋았다.

　2층으로 가면 수양개에서 출토된 구석기 이후의 유물들도 전시되어 있으며, 작은 체험 공간과 소형 영상실이 있다. 이곳에서 토기와 슴베찌르개 입체 퍼즐 맞추기도 해볼 수 있고, 공룡 뼈 발굴체험 공간도 있어서 아이들이 좋아하고 오래 머무른 공간이다.

야외 전시물을 보기 위해서는 전시관 외부 별도 매표소에서 '수양개 빛터널' 표를 구매해야 한다. 오후 4시부터 전시관 1층 카페에서 검표하고 입장할 수 있다.

일제 강점기 때 만들어졌다는 200m 터널을 걸으며, 빛을 주제로 한 미디어아트를 감상할 수 있고, 빛터널을 통과하면 선사유물전시관의 앞동산인 '비밀의 정원'에 다다를 수 있다. 해가 저물자 알록달록한 빛이 실외를 가득 채워 낭만적인 포토존을 곳곳에 만들어준다. 가족과 연인들도 많고, 단체 관광버스들이 드나드는 것을 보니 이제는 대표적인 단양의 야간 관광명소로 자리 잡은 듯 보였다.

하지만 아이들 사진을 찍어주면서도 나는 가슴 한편이 편안하지 않았다. 비밀의 정원을 둘러보면 곳곳에 선사 시대의 조형물이 남아 있다. 본래 선사유물전시관의 야외 전시장으로 조성되었을 것이다.

그렇지만 지금 이곳은 어떠한가. 석기 제작소에서 뗀석기를 제작하고 있는 구석기인 옆에서는 오색 프러포즈 조명이 빛나고 있고, 단체로 사슴을 잡는 구석기인들 뒤로는 발레를 하는 소녀들이 빛나고 있다. 야광 장미밭을 거니는 선사인들의 화려한 모습은 한껏 우스꽝스럽게만 보인다.

관람객이 늘어난 점은 긍정적 측면이겠으나, 꼭 선사인들의 삶을 표현한 이 전시 공간을 이렇게 현대적으로 변형했어야만 했을까 싶다. 과거와 현재가 공존할 수 있는 다른 방법을 찾을 수 있기를 바란다.

구석기인의 예술 활동은 약 3만 년 전부터 크게 발현되었는데, 한반도에서는 주로 몸에 지니고 다닐 수 있는 크기의 얼굴 모양 조각품이 발견되었다고 한다.

아마도 소중한 가족사진 같은 용도가 아니었을까?

탐험을 떠나기 전, 알아보아요!

단양 수양개 선사유물전시관은?

수양개 유적은 남한강 강변을 따라 6개 지구에 걸쳐 넓게 분포되어 있었어요. 발굴팀은 1983년부터 이곳에서 30만 년 전의 주먹도끼를 비롯해 중기 구석기, 후기 구석기, 신석기, 청동기의 유물과 마한 시대의 집터와 생활유적까지 선사 시대 전체를 망라하는 10만여 점의 유물을 발굴하는 데 성공했지요.

특히 후기 구석기 문화층에서 약 50개소의 석기 제작소와 3만 점의 석기가 출토되었어요. 이를 통해 초기 돌날 문화부터 좀돌날 문화에 이르기까지 후기 구석기 문화의 발전사를 명확히 확인할 수 있었으며, 세계에서 가장 오래된 4만 6000년 전 슴베찌르개도 찾았답니다.

수양개 유적은 국가사적 제398호로 지정된 대표적인 한반도 후기 구석기 유적이자, 아시아 구석기 문화 연구의 보고로 세계적으로 주목받고 있어요. 2006년 수양개 선사유물전시관이 개관해 현재 5,000점 이상의 유물을 보유, 전시하고 있어요.

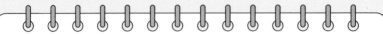

조금 더 알아보아요!

수양개 슴베찌르개는 어떤 의미가 있나요?

과거에는 구석기인들이 미개할 것이라 여겨졌지만, 수양개 유적에서 다수의 석기 제작소, 그리고 같은 모양의 슴베찌르개가 110점 가까이 대량으로 발견되면서, 당시 구석기인들은 정형화된 도구를 생산할 정도로 기술이 발달했었다는 사실이 확인되었어요.

▲ 4만 6000년 전 수양개 슴베찌르개
출처 : 한국선사문화연구원

그리고 세계에서 가장 오래된 슴베찌르개도 발견되었지요. 그렇기에 일본의 국립후쿠오카박물관은 "단양 수양개의 슴베찌르개가 일본으로 건너왔다"라고 전파 경로를 분명히 밝히고 있어요.

나무 자루에 연결해서 사냥용 창 등으로 사용했을 후기 구석기의 대표적인 도구 슴베찌르개, 어쩌면 우리 한반도에서 처음 만들어져서 전 세계로 퍼져나간 유물이 아니었을까요?

구석기에서 바로 신석기로 넘어가나요?

구석기와 신석기 사이에는 중석기 시대가 있었어요. 시기적으로는 약 1만 2000년 전부터 1만 년 전 사이로 추정됩니다.

후기 구석기까지 빙하기의 영향으로 상당히 추운 기후였지만, 중석기에는 기후가 따뜻해지고 해수면이 상승했어요.

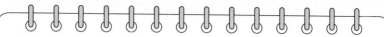

　한반도의 경우 당시 중석기 인의 거주지였던 해안가가 대부분 바다에 잠기면서 중석기 유적은 다른 시기에 비해 드물게 발견되고 있습니다. 하지만 식물과 작은 동물들이 증가하면서 중석기인은 수렵과 어로, 채집 등의 경제 활동을 구석기보다 더 활발히 할 수 있었어요.

　또 보다 정교해진 잔석기(세석기)는 이러한 활동에 큰 도움이 되었지요. 이 무렵에는 석기에 나무 손잡이를 부착해 노동력을 높였고, 작고 날랜 동물을 잡기 위해 활과 화살, 작살도 만들어 사용했다고 해요.

구석기 시대의 생활 모습	신석기 시대의 생활 모습
동굴 거주	움집 거주
가죽을 둘러 입음	가락바퀴, 뼈바늘로 옷을 만듦
뗀석기 사용	간석기 사용
사냥, 채집, 고기잡이	농경 시작

인물을 소개합니다!

이융조

고고학자이자 연세대 교수였던 이융조 선생님은 공주 석장리 유적을 발굴한 손보기 선생님의 제자예요. 1980년 충주댐 수몰 지역 조사에 나서 기록적인 폭우를 뚫고 수양개 유적을 처음 발견했지요. 청주 두루봉과 소로리 유적을 발굴하고 15000년 전으로 추정되는 고대 볍씨를 찾기도 하였어요.

소로리 고대벼   유사벼 출토사진

▲ 소로리 볍씨 발굴   출처 : 청주소로리볍씨 공식 홈페이지

이융조 선생님에 대해 더 자세히 알고 싶은 분은 하단의 큐알코드를 참조해주세요.

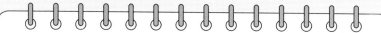

탐험 팁과 이모저모!

- **수양개빛터널**을 함께 이용하려면 오후 시간에 방문하는 것이 좋습니다. 전시관 관람 후 밖에 있는 매표소에서 별도로 매표하면 됩니다. 전시관 입장표를 제시하면 그 가격을 제외한 가격으로 구매할 수 있어요.

- 전시관 1층에 간단히 식음료를 구매할 수 있는 카페가 있어요. 이곳에서 빛터널 입구로 들어가는 입장권(손목띠)을 확인합니다.

- 단양의 대표적인 구석기 유적은 수양개 유적이지만, 이 외에도 구석기 주요 유물이 발견된 동굴이 있어요. **상시바위그늘, 구낭굴, 도담 금굴**이 대표적입니다.

  특히 상시바위그늘에서 중기 구석기인 **상시슬기사람** 화석이 발견되었고, 구낭굴에서는 후기 구석기인 **구낭굴인**과 짐승 25종의 화석이 발견되었습니다. 또한 도담 금굴은 가장 오래된 구석기 문화유적으로, 최근 멋진 동굴 입구 기념사진으로 유명해지면서 점차 발길이 늘고 있어요.

  이 외에도 5억 년 전부터 생성된 천연기념물 **고수동굴** 역시 구석기 시대 주거지였답니다. 동굴 속과 입구에서 뗀석기가 발견되었거든요. 함께 탐험해보아도 좋겠지요?

조윤 대장의 탐험 일지

무엇무엇이 기억에 남았나요?

매머드뼈가 멋있었고, 석기퍼즐을 맞춰서 재밌었다.

어떤 생각과 느낌이 들었나요?

유물발굴지 위에서 뛰어봤는데 재밌고 짜릿했다.

무엇이 궁금해졌나요?

또 어떤 동물이 같이 살았을까?

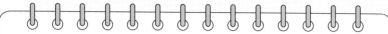

탐험 대장의 궁금증

한반도 구석기인은 어떤 동물들과 살았을까요?

화석을 보면 추운 시기에는 매머드, 말, 산양, 들소 등이 살았을 것으로 보여요. 따뜻한 시기에는 옛코끼리, 큰뿔사슴, 쌍코뿔소, 하이에나, 원숭이, 멧돼지, 호랑이, 표범, 곰 등이 늘어났고, 고래와 물고기도 그림으로 남겼지요.

주로 사냥했던 동물은 사슴으로 추정되지만, 사냥이 쉽지만은 않았겠지요? 참, 구석기가 끝날 무렵인 약 1만 2000년 전부터는 야생 늑대를 길들여서 개로 키우기 시작한 흔적도 있답니다.

또 다른 탐험을 추천합니다!

- **광주 조선대학교 박물관**: 약 10만 년 전부터 시작된 호남 구석기 시대의 문화와 발달 과정을 보여주는 유물들이 전시되어 있어요.
- **청주 청원 소로리 유적 & 벼 전시 체험관**: 약 1만 3000년 전 출토된 인류 최초의 고대 볍씨에 관해 확인할 수 있습니다.
- **구석기 축제**: 매년 5월경 연천 전곡리 유적과 공주 석장리 유적에서 열리는 구석기 축제에 참여해 특별한 경험을 해볼 수 있어요.

구석기·중석기 여행 후기

1. 구석기·중석기 여행은 어땠나요?

기대 이상이었습니다. 교과서에서만 보았던 선사 시대를 직접 찾아가보니 이전에는 관심도 못 가졌던 흥미로운 사실도 많이 알게 되었고, 한반도에서 인간이 첫발을 딛고 발전해온 과정을 생생하게 느껴볼 수 있었습니다.

이로써 역사에 대한 시각이나 관심의 깊이가 많이 달라졌음을 느낍니다. 마치 어떤 친구의 현재 모습만 보다가, 그 친구의 어릴 적 이야기를 알게 되면 더 가깝게 느껴지고 이해심이 커지는 것처럼요. 아이들도 어느새 돌 조각 하나에도 관심을 두게 되었어요.

2. 만일 세 군데 중 한 군데만 추천한다면?

깊이 고민했는데 결국 답을 내리지 못했습니다. 세 곳 모두 대표적인 구석기 유적지이면서도 각각의 장단점이 있었기 때문입니다.

만일 아이가 어리거나 체험 위주 활동을 좋아한다면, 연천 전곡리 선사유적의 선사체험마을에서 잠시나마 선사인이 되어보도록 하는 것을 추천합니다. 박물관의 독보적인 전시물들도 인상적이었습니다.

공주 석장리 선사유적은 최초 구석기 유적 발굴지라는 의미가 있고, 무엇보다 강가에 서 있으면 시간을 거슬러 올라가 선사인들과 소통하는 것처럼 느껴졌습니다. 새로 개관 예정인 상설전시실도 기대됩니다.

끝으로 단양 수양개 선사유적은 구석기를 한 번에 총정리하기 좋습니다. 유적지다운 느낌과 체험 활동은 다소 아쉬움이 있었지만, 전시된 유물의 수와 종류도 많았고, 한반도의 구석기가 시기별로 발전해온 모습을 일목요연하게 확인할 수 있어 좋았습니다.

3. 아쉬운 점은 무엇이었나요?

한반도에 구석기 유적이 많이 발견되었다고 하지만, 지금까지 소개한 전시관같이 잘 조성된 유적지 몇 곳을 제외하고는 아이와 함께 견학하기에 접근성이 좋지 않거나 볼거리가 마땅치 않습니다.

구석기 소년 '흥수아이'가 발견된 두루봉 동굴은 이제 방치 수준을 넘어 위치도 찾기 어렵게 훼손되었다고 합니다. 유적 발굴지 옆에 작은 전시 공간이라도 조성해, 의미 있는 우리 역사의 현장들을 더욱 잘 보존했으면 좋겠습니다.

PART
02

신석기

초기 신석기
양양 오산리 선사유적

중기 신석기
서울 암사동 선사유적
창녕 비봉리 선사유적

후기 신석기
울산 대곡리 선사유적

04

8000년전

양양

오산리 선사유적_오산리 선사유적박물관

주소 강원 양양군 손양면 학포길 33　**연락처** 033-670-2442
운영 09:00 ~ 18:00　**휴무** 매주 월요일, 신정, 설날, 추석
요금 입장료 유료, 주차료 무료(입장료 무료 변경 예정)
시간 약 2시간 소요

(2023년 11월 19일 기준)

가을이 지나가는 거센 바람과 함께 양양에 도착했다. 오산리 선사유적은 지금으로부터 약 8000년 전의 초기 신석기 유적으로, 신석기 시대 탐험의 첫걸음이 될 곳이다.

'혹시나 구석기와 신석기가 큰 차이가 없으면 어쩌지? 대표적인 암사동 유적지만 가보아도 충분하지 않았을까.' 처음 가는 곳이기에 양양공항을 지나 작은 오솔길로 접어들면서도 걱정이 이어졌지만, 박물관 주차장에 들어서며 곧 모든 우려는 탄성으로 바뀌었다.

한눈에도 막집과 비교되는 큰 규모의 체험용 움집 2채를 마주한 아이들은 차에서 내리자마자 달음박질한다. 텐트처럼 임시로 짓고 약 2주 정도 사용했던 구석기 시대 막집에 비하면, 움집은 초가집의 초기 형태답게 매우 정교하고 튼튼하게 지었으며, 중앙에 화덕 자리를 놓았을 뿐만 아니라 생활공간도 널찍하게 잘 조성되어 있었다.

체험용 움집 중 한 동은 3호 주거지 움집터를 원래 크기대로 본뜬 것으로, 16평의 공간에 5cm 이상 두께로 점토 바닥을 깔았고, 서까래를 촘촘히 엮어 건물 2층 높이로 올렸다.

'만일 정말 구석기 시대로 간다면 일주일도 생존하기 힘들겠지만, 신석기 시대라면 그래도 살아남아 볼 수는 있겠는걸?' 하는 생각도 들 정도로 움집은 안정감 있게 느껴졌다.

이제 박물관 안으로 들어가보자. 보관소에 짐을 보관하고 입장권을 끊고 들어오면, 정면 안내소에서 친절하게 관람 순서를 안내해주시며 해설 프로그램의 시간도 확인할 수 있다.

박물관 내부는 마치 호텔 로비처럼 매우 깔끔하고 현대적이었다. 거대한 토기 모형을 놓은 중정 공간도 인상적이었고, 무엇보다 전면 유리로 쌍호 습지를 바라볼 수 있는 휴게 공간이 있어서 개방적이고 낭만적인 분위기였다.

관람 공간은 실감 영상관, 1전시실, 2전시실, 기획전시실, 야외 전시실의 총 다섯 공간으로, 모두 개성 있고 알차게 조성되어 있다.

실감 영상관은 오산리의 선사 시대와 양양의 아름다움을 미디어아트로 표현했는데, 비록 상대적으로 규모는 작지만, 아르떼 뮤지엄 부럽지 않은 생생한 화면 구성과 전환을 보여준다. 12분 동안 공간 속에 푹 빠져서 감상할 수 있었다.

자연스럽게 1전시실로 동선이 이어진다. 1전시실은 과거의 오산리 선사마을 그 자체였다. 실물 크기의 디오라마가 구역별로 전시실 모든 공간을 채우고 있다. 결합식 어구와 어망을 이용한 고기잡이를 하는 사람들, 토기 만드는 사람들, 움집을 짓고 생활하는 신석기인들의 다양한 모습을 볼 수 있는데, 배경의 움직이는 영상과 소리까지 더해져서 실제 신석기 마을을 산책하는 듯한 매우 실감 나는 체험을 할 수 있었다.

2전시실은 각종 도구가 전시되어 있는데, '아니, 이렇게까지 발전했다고?' 하는 생각이 든다. 선사 시대 도구와 토기 체험에서는 당시 그물도 들어보고, 날카로운 돌화살촉 끝도 만져볼 수 있었으며, 토기의 표면도 관찰하고 만져보는 등 눈과 손으로 자유롭게 배울 수 있었다. 우리나라에서 가장 오래된 초기 신상인 '토제 인면상'도 볼 수 있다. 아이의 작은 손으로 꾹꾹 눌러 만든 듯 작지만 귀여웠다.

예전에는 유물 파편들이 유리관 안에 나란히 누워 있는 것을 보고 막연하게 용도를 추정했지만, 이제는 완성된 형태를 보여주거나, 쓰이는 모습을 이해히기 쉽도록 재현해놓아서 참 좋았다.

갈판 위에 도토리를 놓으니 그 쓰임새가 바로 느껴지지 않는가?

"신석기 사람들이 도토리묵을 만들어 먹었네요?"

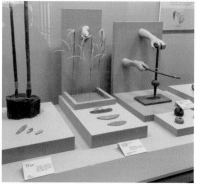

또한 박물관 곳곳에 다양한 체험 공간이 마련되어 있었는데, 신석기 시대 생물 등을 색칠 및 스캔해 대형 화면에 띄우는 활동이 역시 인기가 많았다. 물론 요즘 이런 스캔 활동이 여러 박물관에 마련되어 있기는 하지만, 각각의 활동지마다 '멧돼지 - 신석기인들은 멧돼지를 사냥해서 우리에 기르기도 했어요'와 같이 설명이 곁들여져 있어서 교육적으로도 좋았다. 그림뿐만 아니라 자기 얼굴을 촬영해 화면에 넣어볼 수도 있었다. 전시관 밖에 있는 프로타주 활동도 흥미로웠다.

　큰 규모의 기획전시실에는 12명이 동시에 체험할 수 있는 크고 작은 조각 퍼즐 맞추기 활동이 다양하게 준비되어 있다.

　이 외에도 기념품을 제작해볼 수 있는 유료 체험으로 목걸이 만들기, 열쇠고리 만들기, 파우치 컬러링, 손수건 꾸미기를 비롯해 유물 발굴체험 등이 다양하게 마련되어 있다.

　야외로 나와 쌍호 탐방로를 따라 넓은 쌍호 습지를 한 바퀴 걸어본다. 이곳은 예로부터 '움직이는 갈대숲'으로 유명한 곳이라 한다. 한 걸음, 한 걸음 걸을 때마다 동해 해변을 거니는 것 못지않은 깊은 감동이 일고, 바람에 나부끼는 갈대숲의 파도 소리가 오래전 이곳에 살았던 선사인들의 귓속말처럼 사삭사삭 속삭인다. 자연과 공감할 수 있는, 산책하기에 참 좋은 길이다.

걷다 보면 저 멀리 푸른 해송들 사이로 그들이 살았던 움집들이 보인다. 오산리 선사유적에는 14기의 집터와 공동 취사장이 확인되었으며, 움집 7~8동이 복원되어 있다. 한 움집에 4~5명이 살았을 것으로 추정되기에 많게는 약 70명까지도 함께 거주한 큰 마을이었을 것이다. 그들은 동해안에 터를 잡고 살면서 어떤 꿈을 꾸었을까.

우리 탐험대장은 지금까지 다닌 4곳 중 전곡리 선사유적이 체험 활동이 많아서 제일 좋았고, 이번에 온 오산리 선사유적이 다음으로 좋았다고 한다. 나는 오산리 선사유적을 최고로 뽑고 싶다. 교육적으로도, 볼거리로도, 다양한 체험거리로도 정말 시간이 아깝지 않았던, 숨겨진 보물 같은 박물관이다. 구석기 시대보다 문화적·기술적으로 확연히 발전된 모습을 볼 수 있었던 것도 매우 인상적이었다.

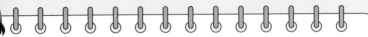

탐험을 떠나기 전, 알아보아요!

양양 오산리 선사유적박물관은?

오산리 유적은 1977년 동해안의 쌍호를 메우는 과정에서 발견되었어요. 1982년부터 발굴 조사를 했으며, 그 결과, 우리나라 내륙에서 가장 오래된 신석기 시대 마을 집터 유적으로 확인되었지요. 단단한 점토 바닥에 오래 사용한 화덕 자리가 있고, 안에 오리와 노루의 뼈도 남아 있었다고 해요.

출토된 것은 대부분 8000년 전 신석기 시대에 번성했던 마을의 유적과 유물들로 밝혀졌고, 이 중 3호 움집은 우리나라에서 발견된 것 중 가장 오래된 움집으로 평가되는데, 무려 약 6700년 전의 집이라고 합니다.

쌍호 습지를 바라보는 유적 터에 2007년 개관했으며, 2023년 리뉴얼을 실시해 매우 알차고 멋진 박물관으로 다시 태어났답니다.

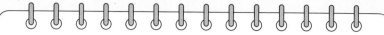

조금 더 알아보아요!

신석기인들은 토기에 왜 무늬를 그렸을까요?

가장 오래된 제주 고산리의 토기에는 무늬가 없었지만 이후 8000년 전부터는 콕콕 점처럼 찍은 누른무늬 토기가 나왔고, 부산 영선동에서는 물결 모양의 누른무늬 토기가 나왔어요. 또 고성에서는 세모와 마름모꼴로 덧붙인 덧무늬, 통영에서는 한 송이 꽃처럼 덧붙인 덧무늬 토기가 발견되었지요.

약 6000년 전부터 빗살무늬 토기가 나타나기 시작했는데, 동북 지역에서는 번개무늬와 짧은 빗금을 같이 그린 토기가 많았고, 서부 지역은 빗살무늬, 생선뼈무늬, 손톱무늬, 세모띠무늬, 무지개무늬, 빗금무늬, 빗점무늬 등 다양한 무늬를 그렸답니다.

처음에는 보고 '집안마다 다른 무늬를 그려서 소유물을 구분했나?' 하고 생각했지만, 신석기 시대에는 마을 사람들이 같이 모여서 토기를 만들고 사용했다고 해요.

그러면 왜 무늬를 그렸을까요? 빗살무늬를 비와 번개를 형상화한 것으로 추측하는 사람들이 있어요. 또 생선뼈무늬(어골문)는 제일 흔히 발견되는 무늬이지요. 혹시 비가 많이 오기를, 생선이 많이 잡히기를 바라는 마음을 담아서 한 줄, 한 줄 그린 것은 아닐까요?

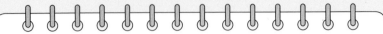

신석기인들도 신을 믿었을까요?

신석기 시대의 대표적인 신앙은 애니미즘(ănǐmǐsm)이에요. '해와 달, 물과 비, 산과 강, 모든 자연물에 신이 깃들어 있다'라는 생각이지요. 특히 농사와 수렵을 위해서는 해의 신, 비의 신, 바다의 신 등에게 많이 기도했을 거예요.

또 토테미즘이 있어요. 곰, 호랑이 등 특정 동물을 숭배하는 사상이지요.

이 외에도 자기 씨족을 하늘의 자손이라 믿고 하늘신을 섬기는 천손 사상, 약 5500년 전부터는 특정 제사장이 등장해 주술을 하고 하늘의 뜻을 받는 샤머니즘(Shǎmǎnǐsm)도 등장했을 것으로 보고 있어요.

오산리형 이음 낚시

제작 기법과 형태가 독특한 이 이음 낚싯바늘은 오산리 신석기 사람들이 바다에 나가서 고기를 잡던 어민이었다는 사실을 알려줘요. 그런데 이와 재료만 조금 다르고 똑같은 형태의 낚싯바늘이 일본 규슈 남부와 간토 지방에서도 발견되었어요. 그래서 학자들은 이 낚싯바늘을 증거로 오산리 사람들이 통나무배를 타고 일본 지역에 도착해 기술 교류를 했을 것으로 주장한답니다.

인물을 소개합니다!

사라 넬슨(Sarah Nelson)

 2001년 미국에서 소설 한 권이 화제를 끌었습니다. 바로 기원전 6000년 경(약 8000년 전) 양양 오산리 신석기 유적을 소재로 한 소설 《영혼의 새(Spirit Bird Journey)》였지요. 그리고 이 소설을 쓴 사람은 놀랍게도 미국 덴버대 인류학과 명예교수 사라 넬슨입니다. 1992년 오산리 유적 발굴 과정에 참여해 강한 영감을 받은 그녀는 이후 오산리 유적을 널리 알려 세계 고고학사전에 올린 인물이기도 합니다.

◀《영혼의 새》, 동방미디어

 사라 넬슨 작가에 대해 더 자세히 알고 싶은 분은 하단의 큐알코드를 참조해주세요.

탐험 팁과 이모저모!

- 입장료는 곧 무료로 전환될 예정이라고 합니다.
- 오산리 선사유적지 주차장과 오산리 선사유적박물관 주차장이 400m 정도 떨어져 있어요. 박물관 주차장이 관람 동선상 조금 더 편리하지만, 쌍호 습지 산책을 선호한다면 유적지 주차장도 이용하기 좋아요.
- 박물관 내부에 수유실은 있지만, 별도의 카페나 편의점은 없어요.
- 안내 공간 맞은편에 **방문 기념 스탬프 완성 체험**이 있어요. 관람을 마치고 스탬프를 모두 찍어오면 작은 선물도 준답니다.
- 《**양양이와 용용이의 수수께끼 대결**》이라는 소책자를 찾아보세요. 책자의 퀴즈만 풀어도 신석기 지식이 쑥쑥 쌓인답니다.
- 오산리 신석기인들의 생활 터전이었던 **쌍호**는 사적 394호 문화재 보호구역으로 지정되어 관리되는 사구습지입니다. 아름다운 갈대밭 사이로 700m의 탐방로를 산책할 수 있습니다.

조윤 대장의 탐험 일지

무엇무엇이 기억에 남았나요?

토기 조각 퍼즐을 맞추었고,
얼굴모양 토우를 보았다.

어떤 생각과 느낌이 들었나요?

움집에서 살면서 동물도 키우고
사람들이 더 똑똑해진 것 같다

무엇이 궁금해졌나요?

동물을 키우면 순해졌을까?

탐험 대장의 궁금증

신석기인이 키우던 동물은 순해졌을까요?

야생 동물을 길들이는 일은 쉽지 않았을 거예요. 그래도 멧돼지를 사냥하기보다는 집돼지로 키우는 편이 고기를 얻기에 훨씬 안전하고 편했겠지요? 그래서 야생 동물의 새끼를 잡아서 먹이를 주면서 점점 순해지도록 길들였을 거예요.

신석기 시대에 한반도의 선사인이 사육한 동물은 개, 양과 염소, 돼지가 있어요. 말과 소를 키웠다는 학설도 있습니다. 우리가 알고 있는 가축 대부분이 신석기 시대에 길들인 것이지요. 인간이 농경과 목축을 통해 스스로 먹을거리를 만들게 된 사건을 **신석기 혁명**이라고 해요.

또 다른 탐험을 추천합니다!

· **제주 고산리 유적 안내센터** : 고산리 유적은 초창기 신석기 시대의 원시형 고토기가 함께 출토된 한반도에서 가장 오래된 신석기 유적입니다.

교과서에서는 약 1만 년 전 한반도에 신석기 시대가 시작되었다고 기술하고 있지만, 고산리의 토기는 이를 1만 2000년 전까지도 끌어올리고 있어요. 다만 제주 지역에 한정되고 한반도 내륙 지방에서는 확인된 바 없는 유물 조합이기에, 이를 신석기 시대로 편입하는 것에 대해 논란이 남아 있다고 합니다. 견학뿐만 아니라 **1박 2일 가족 선사캠프** 프로그램도 있으며, 10월에 **선사축제**도 열린답니다.

05
서울

암사동 선사유적_암사동 선사유적박물관

B.C.E.4000
(6000년 전)

주소 서울 강동구 올림픽로 875	**연락처** 02-3425-6520
운영 09:30~18:00	**휴무** 월요일, 신정
요금 입장료 유료, 주차료 유료	
시간 약 2시간 소요	(2023년 12월 10일 기준)

'선사유적지' 하면, 가장 먼저 떠오르는 곳은 어디일까?

적어도 내 기억에서는 기억으로는 암사동 유적지다. 서울에서 가장 오래된 마을, 이곳에서 우리는 기원전 4000년 전 시간여행을 시작하려 한다.

주차장 한편에는 커피 한 잔 마시고 나서 천천히 구경하라는 듯 고즈넉한 카페가 여유를 부린다. 입구 안내도를 한번 보자. 암사동 유적의 모양이 마치 눕혀놓은 빗살무늬 토기처럼 생긴 것은 우연일까?

입구에 들어서면 수풀과 나무가 조화로운 조용한 공원을 찾은 기분이 든다. 물론 건너편 올림픽대로를 빠르게 질주하고 있는 수많은 자동

차의 진동이 느껴지지만, 머릿속에서 이 도로를 삭삭 지워보면 잔잔한 한강 변에 있는 평온한 둔치를 쉽게 떠올려볼 수 있다. 고기도 많이 잡히고, 오랫동안 터를 잡고 살기에 참 좋은 곳이었을 것이다.

먼저 눈길을 끄는 좌측의 통유리 건물을 향해 걸어가보자. '유구 보호각'은 신석기 시대의 집터를 그대로 보존하고 있는 곳으로, 선사인들이 어떻게 기둥을 세우고, 어디에 화덕 자리를 놓고 살았는지를 눈으로 확인해볼 수 있는 공간이다. 유리면에 그려진 평면도 및 설명과 함께 보니 더 쉽게 이해할 수 있다. 이렇게 유구를 온전하게 보존하는 전용 공간을 마련했다는 점에서 암사동 유적에 '엄지 척'을 보낸다.

하지만 한편으로는 '과거의 모습 그대로를 보고 싶다는 마음'이 들었는데, 그 마음을 또 어떻게 알았는지, 마침 동편에는 9채의 복원 움집과 1채의 체험 움집이 재현되어 있다. 다만 서울이어서 그런가, 복원 움집들마저 오산리 유적에 비해 서로 배치된 간격이 빽빽하고, 아파트처럼 나란히 정렬되어 있어 웃음을 자아낸다. 10채나 있으니 꼭 실제 신석기 마을의 주택가를 거닐어보는 기분이다.

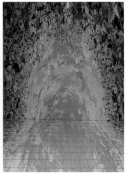

　복원 움집 마을이 끝날 무렵, 능선 너머로 나지막한 암사동 선사유적
박물관이 모습을 드러냈다. 이곳 또한 2020년 재단장을 해 입구부터
볼거리가 풍성한데, 화려한 대형 벽화가 과거로 초대하듯 잡아당긴다.

　1관의 첫 전시물은 신석기 시대의 주연인 빗살무늬 토기다. 이곳은
남한 지역 빗살무늬 토기 문화의 기원지로, 대표적인 빗살무늬 토기가
출토되었다고 한다. 암사동 빗살무늬 토기는 토기 전체에 6개 이상의
문양을 새겨 넣은 예술품이자, 전 세계에 분포된 빗살무늬 토기 중 가
장 완성도가 높다는 평가를 받고 있다고 한다.

　풍부한 식량 자원을 얻을 수 있게 된 신석기인은 정착을 시작했고, 한강 변을 선택한 이들은 다양한 생물종이 있는 이곳 환경에 비교적 잘 적응했을 것이다.

　1관과 2관 사이에 위치한 유구영상실은 실제 신석기 시대 집터 5~6 곳 위에 영상실을 만들어놓은 것이다. 이곳에서 자율적으로 파노라마 영상을 관람할 수 있는데, 애니메이션으로 재현된 '신석기 한강 암사동의 사계절'은 아이들도 기억에 많이 남았다고 한다. 또한 유구 위에 있었을 움집을 실물 모형과 증강현실 기술을 통해서도 볼 수 있다.

　암사동 유적박물관의 장점은 직관적이고 안내 설명문이 쉽다는 점이다. 초등학생이 보아도 어렵지 않은 문장으로 간략하게 각각의 전시물을 설명하고 있다. 그래서인지 아이들이 평소처럼 많이 질문하기보다는 흥미를 잃지 않고, 스스로 전시물 관람에 집중하는 모습을 볼 수 있었다. 6관 '신석기 시대의 토기 문화'를 거쳐, 7관 '암사동 유적 빗살무늬 토기'까지 구석구석 알찬 관람을 마쳤다.

　이어진 아이들의 신나는 체험 공간인 '신석기 체험실'이다. 첫 코너인 마찰을 일으켜 불 피우기, 갈판에 도토리 갈아보기 체험은 제법 신선했다. 이 외에도 움집과 토기 모양 퍼즐 맞추기, 내가 그린 빗살무늬 토기 등 체험할 거리가 다양했다. 박물관의 출구에는 작은 어린이도서관도 마련되어 있었다.

다양한 체험 활동을 마치고, 선사체험마을 '시간의 길'로 발걸음을 옮긴다. 이 인공 동굴에 들어가면 반대편이 한 움집 안으로 연결되어 있다. 토끼굴에 들어가 이상한 나라에 떨어진 앨리스처럼, 우리는 덜컥 신석기 시대로 초대되었다. 움집 문을 나와 신석기 마을을 한 바퀴 산책해본다. 동계라 운영하지 않고 있었지만, 넓은 체험 마을 곳곳에 수렵체험장, 어로체험장, 발굴체험장 등이 알차게 준비되어 있다.

마지막 견학 코스는 체험 마을 안에 있는 '선사체험교실'이다. 토기 목걸이 꾸미기, 활 만들기, 토기 만들기, 움집 만들기, 빗살무늬 토기 복원하기, 민무늬 토기 복원하기, 토분 그림 그리기로, 총 7종의 선사체험이 준비되어 있다. 양질의 활동을 경험하며 멋진 나만의 기념품도 가져갈 수 있는 곳이다.

우리 탐험 대장들은 선사 예술가가 되어 소형 빗살무늬 토기를 만들고, 토분에 채색했는데 참여하는 모습이 자못 진지하다. 신석기 시대 탐험을 하며 한번은 토기 만들기 체험을 시켜주고 싶었는데, 딱 안성맞춤인 체험이었다.

도심 속에 자리한 낯선 마을, 암사동 유적. 일상을 벗어나 잠시 산책하기에도 좋고, 아이들과 견학 체험을 하기에도 만족도가 높은 곳이다. 역시 선사유적지의 대명사답구나.

탐험을 떠나기 전, 알아보아요!

서울 암사동 선사유적박물관은?

1925년 대홍수가 일어나 한강이 범람하고 서울은 쑥대밭이 되었어요. 그러나 이때 암사동 지역에서 토기, 석기 등의 유물이 처음 노출되었고, 일본학자들이 엄청난 분량의 유물을 수습했다고 전해집니다.

이후 1967년 첫 발굴이 이루어졌어요. 이로써 수천 년 동안 모래에 묻혀있던 암사동 유적이 드러나게 되었답니다. 암사동 유적은 우리나라 신석기시대 유적 중 무려 50여 기의 집터가 발견된 최대 규모의 마을 단위 유적으로, 당시 주거생활을 잘 보여주고 있습니다. 또한 빗살무늬 토기를 비롯한 그물추, 갈판, 도토리 등 다양한 유물이 출토되어 당시 생활 문화를 추측하게 해줍니다. 현재 유적지 내 박물관, 복원 움집, 유구 보호각, 선사체험마을 등을 조성해 교육 및 체험 프로그램을 운영하고 있어요.

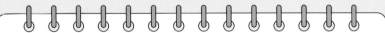

조금 더 알아보아요!

지금부터는 B.C.E.를 쓰도록 해요.

B.C.E.(Before Common Era, 공동시대 이전)는 기원전이라는 뜻입니다. 과거에는 B.C.라고 많이 사용했지요. 하지만 B.C.는 Before Christ의 약자로 종교적 색채를 담고 있기에 최근 외국과 한국의 교과서뿐만 아니라 국립중앙박물관에서도 B.C.E.로 표기하고 있어요.

그리고 기원후는 C.E.(Common Era, 공동시대)로 표기하고 있습니다. 과거에는 A.D. '우리 주님의 해(Anno Domini)'라고 쓰였지요.

즉, 현재 우리가 2024년이라고 하는 것은 C.E.2024를 의미하는 것입니다. 오늘날 세계인이 공통으로 사용하는 연도이지요.

이처럼 표기법이 바뀌었어도 여전히 서양 달력의 기원이 기준점이기 때문에 '기원전, 서기'라고 부른답니다.

왜 B.C.E.를 사용하나요?

고조선 멸망은 'B.C.E.108'이에요. 이렇게 배우면 1980년에 배운 사람도, 2000년에 배운 사람도, 2020년에 배운 사람도 'B.C.E.108'로 기억하겠지요.

하지만 만일 B.C.E.를 사용하지 않는다면 어떻게 될까요? 1980년에 배운 아빠는 '2088년 전'이라고 하고, 2020년에 배운 딸은 '2128년 전'으로 제각각 다르게 기억하게 되겠지요? 그리고 이 또한 해마다 달라지게 될 거예요. 그래서 시기를 특정할 수 있는 사건부터는 기준 연도를 사용해야 한답니다.

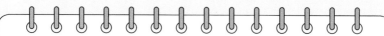

세기는 어떻게 계산하나요?

역사책을 보면 '기원전 3세기 후반' 이런 용어도 가끔 나오지요?

다음 그림을 보면 이해하기 쉬울 거예요.

B.C.E. ←————————→ C.E.

500	400	300	200	100	0	100	200	300	400	500
5세기	4세기	3세기	2세기	1세기	1세기	2세기	3세기	4세기	5세기

기원전 ←————————→ 기원후

　　그러면 기원전 3세기는 B.C.E.300~B.C.E.200이 되겠지요? 그리고 현재는

C.E.2000년과 C.E.2100년 사이에 있으므로, 21세기라고 부르는 것이랍니다.

인물을 소개합니다!

사라 넬슨

사라 넬슨 명예교수는 양양 오산리 유적뿐만 아니라 〈한강 유역 신석기 시대 빗살무늬 토기 연구〉 논문을 통해 암사동 유적을 전 세계에 알리신 분입니다.

넬슨 교수는 "암사동 유적에서 옥이 발견된 사실을 보아도 유적의 규모나 질의 문제를 생각해보게 된다. 암사동 유적지는 한국의 주거 양식을 알려주는 소중한 유적으로서 더 깊이 연구해야 한다"라고 그 가치를 인정했습니다. 2020년 별세하셨습니다.

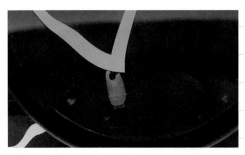

▲ 출토된 옥 장신구

▲ 암사동 유적에 걸렸던 추모 현수막

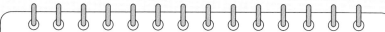

탐험 팁과 이모저모!

- 유적지 주차장 바로 맞은편에 **암사역사공원**이 있어요.
- 홈페이지를 통해 1일 4회 진행되는 **문화관광 해설**을 사전 예약할 수 있어요. 해설 코스는 '정문-유구 보호각-체험 움집-박물관'입니다.
- 박물관 로비에 《고고! Go!古! 신석기 시대 타임머신》이라는 학습 책자가 있어서, 풀이하며 견학하면 더 좋아요. 초등학교 저학년용과 고학년용이 따로 있답니다.
- 앱스토어에서 **암사동선사유적박물관**을 검색해 전시 안내 앱을 이용할 수 있어요.
- 인포 데스크에서 이어폰과 스마트기기를 무료로 대여할 수 있답니다.
- **선사체험교실**은 유아 및 어린이를 체험 권장 대상으로 하고 있어요. 오후 4시까지 신청이 가능하며, 체험 시간은 30분 정도 소요됩니다.
- 매년 가을 암사동 유적 일대에서 **강동선사문화축제**가 열립니다. 2023년 28회 축제가 개최되었어요. 먹거리장터는 물론, 원시 바비큐 체험과 불꽃놀이까지 볼거리, 즐길 거리가 풍성하다고 합니다.

무엇무엇이 기억에 남았나요?

빗살무늬 토기도 만들고 신석기시대
계절 영상을 봐서 재미있었다.

어떤 생각과 느낌이 들었나요?

빗살무늬 토기 퍼즐을 완성해서 기분이
좋았다. 토기 만들기가 힘들었을 것 같다

무엇이 궁금해졌나요?

신석기인 들이 살던 때 책이 있었을까?

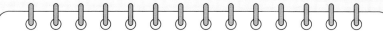

탐험 대장의 궁금증

신석기인들이 살던 때 책이 있었을까?

기원전 6000년~기원전 2000년의 우리나라 신석기 시대 유물 중에는 책이 발견되지 않았어요. 그렇지만 이 시기 다른 나라에서는 책의 형태가 존재했답니다. 기원전 2800년에 만들어진 손바닥 크기의 설형문자 점토판이 있고, 기원전 2600년에 사용된 이집트의 파피루스가 있었지요.

이후 동양에서는 기원전 1600년 대나무로 만든 죽간이 등장했고, 우리가 쓰는 종이는 C.E.105년에 비로소 등장했다고 해요.

그렇다면 우리나라에서 책보다 먼저 사용한 것은 무엇이었을까요? 신석기 시대의 마지막 탐험지인 울산에 가서 알아보도록 해요.

또 다른 탐험을 추천합니다!

- **부산 동삼동 패총 전시관** : 동삼동 유적은 우리나라 남부 지방 신석기 유적 가운데 가장 오래되고, 가창 큰 규모를 지니고 있어요. 출토된 일본산 흑요석을 통해 일본과의 교류 관계를 잘 보여주고 있지요. 또한 조개팔찌와 조개가면 장신구 등의 대표적인 유물도 볼 수 있습니다.
- **안산 신길 역사 유적공원** : 5500년 전 신석기인의 주거지 23기와 유물이 발견되어 유적공원이 만들어졌으며, 토기 발굴 체험장이 있습니다.

06

창녕

비봉리 선사유적_비봉리 패총전시관

주소 경남 창녕군 부곡면 비봉길 7
운영 09:00~18:00
요금 입장료 무료, 주차료 무료
시간 약 1시간 소요

연락처 055-530-1515
휴무 월요일, 신정, 설날, 추석

(2024년 2월 14일 기준)

새해가 바뀌고 오랜만에 타임머신에 다시 시동을 건다. 신석기인들이 남하했듯 우리도 남쪽으로 간다. 울산으로 가는 길목에 있는 창녕을 먼저 찾았다. 1980년대 명소였던 추억의 '부곡하와이'로부터 약 6km 떨어진 비봉리 패총전시관에 가기 위해서다.

비봉리 패총은 내륙 지방에서 처음 발견된 신석기 유적이자, B.C.E. 6000년부터 청동기 시대까지를 아우르는 중요한 유적임이 틀림없다.

하지만 도착했을 때, 전시관을 보고 잠시 당황할 수밖에 없었다. 지금까지 거쳐온 전시관들에 비하면 마을회관 같은 2층 건물과 야외 공간은 무척이나 아담하고, 방문하는 관람객도 보기 힘들었기 때문이다.

그래도 이곳에 발 도장을 꾹 찍고 가고자 했던 중요한 이유는 바로 이전 오산리 유적에서 확인했던, 그리고 이후 반구대 암각화에서 확인하게 될, 선사인의 원양 항해와 고래낚시의 흔적의 증거물이 바로 이곳에서 기적처럼 발굴되었기 때문이다.

그 증거물은 바로 현존하는 세계에서 가장 오래된 통나무배 '비봉호'다. 자그마치 8000년 전 제작된 소나무 배 2척의 파편과 노가 이곳에서 발견되었다. 이렇게 작은 배로 어떻게 거친 파도를 헤치고 다녔을지 놀랍기도 하지만, 한편으로는 물과 불을 잘 이용해 단단한 나무를 매끈하게 가공했던 섬세한 기술이 감탄스럽다. 출토된 배 유물은 국립중앙박물관 수장고에 있고, 이곳에는 유물 모형과 복원 모형만을 전시하고 있다.

1층 1전시실과 기획전시실은 발굴 현장을 실감나게 재현했다. 2004년 발굴 당시, 계속되는 침수로 인해 발굴에 어려움이 많았다고 한다. 또한 비봉호와 비봉리 패총이 지닌 의미에 대해서도 전시하고 있었다.

비봉리 패총에서는 다른 패총들처럼 조개껍질도 많이 나왔지만, 가오리, 상어, 각종 어류의 뼈는 물론, 오산리에서 나온 것과 같은 결합식 낚싯바늘도 함께 출토되었기에, 당시 먼바다까지 나가서 다양하고 풍부한 식재료를 얻었음을 보여주고 있다.

현재 창녕은 마산포에서 60km나 떨어진 내륙이지만, 이곳에서 배와 패총이 발견되었다는 것은 과거 이 지역이 바닷가였음을 암시한다. 지하 전시실에는 이 지역이 과거 바다였을 때의 모습을 가상 지도를 통해 직관적으로 보여주며, 한편에는 컬러링 등을 할 수 있는 상설 체험 공간도 마련되어 있다.

다른 곳에서 보지 못했던 전시물은 각종 식물의 유체 화석으로, 씨앗이나 열매 등이 지층에 보존되어 있던 것이다.

그리고 바닥에 있는 도토리 저장고 모형도 인상적이다. 당시 해안선을 따라 여러 개의 구덩이를 설치한 흔적을 발견했는데, 야생동물의 약탈로부터 주요 식량인 도토리를 안전하게 저장하는 역할 외에 또 다른 중요한 기능이 있었다. 물과 도토리를 일정 기간 함께 담아두면 구덩이를 오가는 밀물과 썰물로 인해 도토리의 떫은맛을 없앨 수 있었다는 것이다. 음식의 맛을 추구하는 선사인들의 다양한 노력과 진심이 느껴지지 않는가.

또 하나 놓치지 말아야 전시물은 멧돼지무늬가 그려진 채색 토기 조각이다. 현재 출토된 신석기 시대 동물 모양 토기 중 가장 오래된 것이라고 한다. 단순한 반원형 형태의 그림이지만, 유심히 보면 멧돼지를 그린 그림이라는 점에 설득된다.

한편에 자리한 디오라마에는 비봉리 유적답게 강 위를 수놓은 통나무배와 고기잡이 모습이 두드러지게 표현되었다.

'아, 저게 멧돼지였구나!' 한눈에 이해되지 않던 전시관 외벽의 상징 문양이 이제 이해된다.

전시관 뒤편에 펼쳐진 초등학교 운동장 크기의 잔디밭이 바로 유물들이 발굴된 역사의 현장이다. 발굴 현장을 그대로 보존하고 싶어도 이곳이 본래 양수장이 있던 곳이라 현재까지도 침수가 발생해서 유지가 어렵기에 결국 모두 메워놓은 상태라고 한다. 다만 이곳에서 발굴된 동물 뼈를 바탕으로, 서식했던 동물들의 조형물을 곳곳에 세워 공간의 의미를 살리고 있었다.

건물 뒤편에 상설 체험 공간이 작게 마련되어 있었다. 비록 임시 천막 구조물로 한 번에 2팀 정도 이용하기 적절한 작은 공간이었지만, 전통 놀이부터 칠교, 행주대첩 보드게임, 장난감, 퍼즐, 도서 등 아이들을 위한 다양한 활동이 갖춰져 있었다.

나노블럭, 스크래치, 우드조립, 포일아트, 펠트공예 등 활동 후 갖고 갈 수 있는 체험교구는 1인 2개까지 가능하다고 안내되어 있지만, 이러한 양질의 체험 활동이 모두 무료로 제공되어 있다는 점이 놀라웠다. 지금까지 가본 체험실에서는 모두 소정의 체험비 또는 재룟값을 받았기에 정말 마음껏 골라서 해도 되는지 되물어보았지만, 오히려 인심 좋은 선생님은 이것저것 더 보여주시며 챙겨주시고, 편안하게 놀다 갈 수 있도록 배려해주셨다.

이곳을 나오면서 든 느낌을 뭐라고 설명하면 좋을까.

비록 작지만, 고고학자들의 열정과 환희, 땀방울과 이야기가 묻어 있는 의미 있는 곳이었다. 화려하고 세련된 빌딩 같지는 않지만, 시골집에 온 듯 아늑한 느낌을 주는 편안한 장소였다.

물론 소장된 유물도 많지 않고, 코스에서 과감히 생략할 수도 있겠지만, 우리 가족처럼 지나는 길에 있다면 잠시 들러보기를 추천한다.

다시 울산으로 가는 길. 토기, 가락바퀴, 갈판, 그물추와 이음 낚시, 그리고 통나무배. 그동안 만났던 신석기의 보물들을 하나씩 떠올려보고, 따뜻한 날씨를 만나 크게 발전을 거듭한 신석기인들에게 존경의 인사를 보낸다.

그리고 반가웠던 창녕에게도 인사를 건넨다. 안녕, 창녕!

탐험을 떠나기 전, 알아보아요!

창녕 비봉리 패총전시관은?

태풍 매미를 겪고 나서 2004년 기존 양수장을 증축 공사하던 인부들이 식사 중에 다음과 같은 대화를 나누었어요.

"이상하게 땅을 파는데 자꾸 조개껍데기가 나온다."

우연히 그 자리에 국립김해박물관에 근무 중이던 한 고고학도가 있었고, 직접 현장을 와보게 됩니다. 이후 공사를 중단하고 발굴 조사를 진행해 신석기와 청동기 시대의 유물을 발굴하게 되었지요.

우리나라에서 가장 오래된 선사 시대의 나무배, 망태기, 대규모 도토리 저장 구덩이 87개, 우리나라 최초의 똥 화석과 식물 화석, 그리고 멧돼지가 그려진 토기 등이 대거 발견되는 쾌거를 거두었습니다.

2017년 발굴 장소 뒤에 양수장 건물을 그대로 탈바꿈해 패총전시관을 개관했고, 2023년에 새로 단장을 했답니다.

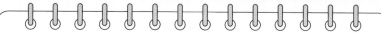

조금 더 알아보아요!

패총이 무엇인가요?

패총(Shell Mound)은 사람들이 버린 조개, 굴 등의 껍데기가 쌓여 마치 무덤처럼 이루어진 생활유적이에요.

신석기인들은 주로 강가나 바닷가에 모여 살았고, 패총은 바로 그곳이 사람들이 살던 바닷가였다는 증거이지요. 창녕 역시도 삼국시대 초기까지는 바닷물이 들어왔다고 해요.

패총은 자칫 음식물쓰레기 더미로 생각할 수도 있겠지만, 조개껍데기 이외에도 사냥한 동물의 뼈, 석기, 토기, 주거지도 함께 발견되는 경우가 많아서 당시 생활 문화를 이해할 수 있는 중요한 유적입니다. 우리나라는 삼국시대까지 계속 패총이 형성되었으며, 남해안과 서해안을 중심으로 분포되어 있답니다.

당시 배는 어떻게 만들었나요?

먼저 통나무를 물에 담가 불린 후에, 불로 뜨겁게 달군 돌을 속에 넣거나, 불로 직접 그을렸어요. 그렇게 부드러워진 목재를 돌도끼나 돌자귀와 같은 날카로운 석재로 파내고 깎아낸 후, 갈돌로 표면을 매끈하게 정리했으리라 추정하고 있어요.

금속을 사용하지 않고 4m 크기의 선체를 이처럼 치밀하게 가공했다는 점은 놀라운 일이며, 또한 이를 타고 바다로 나가 고래도 잡고, 일본까지 건너가서 흑요석 등을 교역했다니 신석기인은 정말 대단하지요?

그래서 배 유물의 발견은 역사상 획기적인 일이었어요. 일본에서 만들어진 가장 오래된 배보다 무려 2000년 이상을 앞서고 있으며, 중국에서 발견된 목선과 견주어도 세계에서 가장 오래된 배라 주장할 수 있답니다.

다만 중국은 배가 발견된 현장에 수중박물관을 짓고 보존 처리를 끝낸 통나무배 진본을 전시해놓았지만, 우리는 보존을 이유로 수장고로 옮겨놓고 현장에는 모형만 놓았어요.

멀리서 찾아온 방문객으로서는 아쉬움이 남는 대목입니다.

인물을 소개합니다!

임학종

2004년 비봉리 패총을 발굴하던 책임조사원 임학종은 신기한 꿈을 꾸게 됩니다. 발굴 장소에 끈이 있고, 그 끈을 잡고 따라가자 이상한 나뭇조각이 놓여 있는 꿈이었지요. 다음 날, 그가 이곳에서 배를 찾을 것 같다고 말하자 조사원들은 모두 더위를 먹은 것 아니냐며 믿지 않았지만, 그는 확신을 품고 발굴을 계속했어요. 결국 2005년 지표로부터 6m 이상 아래, 가장 낮은 토층에서 직접 자기 손으로 꿈속의 배를 찾아냈습니다.

비봉리 유적의 발굴 과정에 대해 더 자세히 알고 싶은 분은 하단의 큐알코드(국립김해박물관 채널)를 참조해주세요.

임학종 님에 대해 더 자세히 알고 싶은 분은 하단의 큐알코드를 참조해주세요.

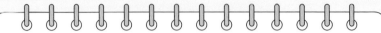

탐험 팁과 이모저모!

- 전시관 앞에 6대 정도 무료 주차할 수 있는 주차장이 있어요.
- 상설 체험 공간에 《비봉리 생활 탐구》 등 학생들을 위한 좋은 활동지가 있답니다.
- 뼈, 토기, 석기를 제외한 대부분 유물은 국립김해박물관에 전시되어 있으며, 배는 국립중앙박물관 수장고에 보관되어 있어요.

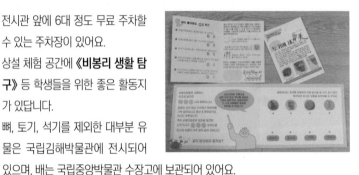

- 2024년 유적전시관에서는 **찾아가는 박물관**, 무료 체험교육 **비봉리 탐구생활**을 실시해 이동전시도 진행할 예정입니다.
- 2024년 매월 마지막 주 수요일이 포함된 일주일 동안 **비봉 문화탐방**이라 해서 전시관에서 즐기는 다양한 무료 체험 행사를 진행할 예정입니다.
- 5인 이상 단체를 위한 단체 체험교육 프로그램을 운영하고 있어요.

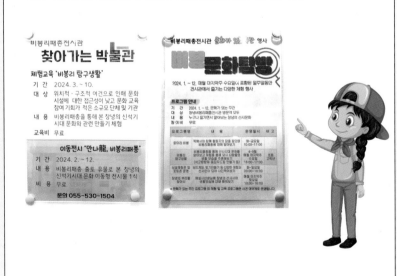

조윤 대장의 탐험 일지

무엇무엇이 기억에 남았나요?

신석기인들이 굴과 조개를 먹고
버린 패총과 처음만든 배를 봤다.

어떤 생각과 느낌이 들었나요?

낚시를 할때 물고기가 잘 안
잡히고 힘들었을 것 같다.

무엇이 궁금해졌나요?

언제 만든 것인지 어떻게 아나요?

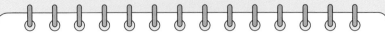

탐험 대장의 궁금증

언제 만들어진 유물인지 어떻게 알 수 있나요?

현재 고고학에서 잘 알려진 절대 연대측정법은 **방사성 탄소 연대 측정법**이라는 기술이에요. 뼈, 옷, 목재, 화석 등에 있는 방사성 탄소($14C$)는 자연적으로 일정하게 그 수치가 반감되기 때문에, 유물 속에 남아 있는 함량으로 연대를 추정할 수 있지요. 다만 이 방법은 동식물 등의 유기물에만 해당하며, 측정하는 표본이 오염되거나 하면 오차도 발생할 수 있어요.

따라서 유물이 발굴된 토층, 표준 화석 등 주변 유물과의 비교를 통해 시기를 추정하는 **상대 연대결정법**도 많이 쓰이고 있답니다.

또 다른 탐험을 추천합니다!

- **오이도 선사유적공원 패총전시관**: 시흥 오이도에서 중부 서해안 신석기 시대 대표적인 6곳의 패총과 생활유적이 발견되었으며, 2018년 선사유적 공원을 개관했어요. 공원 내 패총전시관에서는 발굴지 견학과 영상 시청도 가능하고, 또한 선사체험마을에서 움집체험 등도 가능해요.
- **울진 후포리 신석기 유적관**: 등기산 신석기 유적을 복원해 등기산 공원에 전시했습니다. 40인 이상의 집단 매장이 확인되었으며, 무덤에 부장품으로 간 돌도끼를 같이 묻은 특징이 보입니다. 조사 결과, 신석기인의 수명은 대체로 20세 전후였다고 해요.

07

울산

대곡리 선사유적_울산 암각화박물관

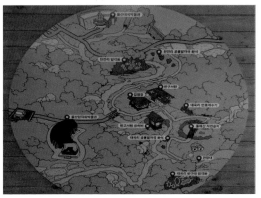

주소 울산 울주군 두동면 반구대안길 254 **연락처** 052-229-4797
운영 09:00~18:00 **휴무** 월요일, 신정
요금 입장료 무료, 주차료 무료
시간 약 1시간 소요

(2024년 2월 15일 기준)

이번 탐험 지역은 울산 울주군 언양읍이다.

언양? 언양하면 언양 불고기지! 우리 가족은 망설임 없이 향토 음식 식당을 먼저 찾아 배를 채운다. 먹어본 고기 중 제일 맛있었다며 행복해하는 아이들과 함께 든든하게 목적지로 향해 가보자!

대곡리 암각화. 학창시절, 청동기 유적지로 배웠던 기억이 난다. 실제로 이곳은 2011년 대학수학능력시험 한국사 1번 문제에서 청동기에 조성된 유적으로 출제되었다. 하지만 결과적으로 청동기와 신석기 모두 복수 정답으로 인정되었다. 현재도 국정, 검인 교과서에서는 청동기 시대로 포함하고 있고, 일부 교과서는 신석기 시대로 구분하고 있는 곳이다. 탄소연대 측정이 불가해서 학자들 간에도 견해 차이가 있다고 한다. 어느 시기로 포함해야 할지 직접 찾아가서 확인해보자.

반구천 계곡을 감싸고 있는 상쾌한 아침 공기가 뺨에 뺨에 닿고, 박물관 입구에 놓인 커다란 바위에는 마치 "너희보다 내가 먼저 있었다"라고 선포하듯이 커다란 공룡 발자국이 쿡 찍혀 있다.

암각화 박물관은 마치 연화산자락의 바위인 양 자연과 어우러져 있었다. 외형이 독특하다고 생각했는데, 자세히 보니 매끈한 형태와 살짝 올라온 꼬리지느러미가 영락없는 고래 한 마리다.

고래 배 속으로 들어서면 학예연구사 선생님이 "어디서 왔어예?" 하고 먼저 정겹게 인사를 건네주신다.

입구 우측에는 다양한 활동지와 암각화 탁본체험, 퍼즐 맞추기, 컬러링 등의 체험 활동을 할 수 있는 공간이 마련되어 있다. 특히 프로타주 기법으로 종이 위에 파스텔을 문질러 암각화 탁본을 체험할 수 있는데, 결과물도 예쁘고 만족스러웠다.

첫째 아이의 체험을 도와주다가 '둘째가 어디로 갔지?' 찾았는데, 전시실 초입에 있는 공간에 홀로 앉아 파노라마 영상을 감상하고 있다. 파도가 치고, 별이 빛나고, 암각화가 떠오르는 더없이 낭만적이고 멋진 영상이었다.

전시실은 총 2층으로 구성되어 기획전시 공간 등 볼거리가 풍성하다. 하지만 역시 전시 공간을 압도하는 것은 한쪽 벽면을 가득 채운 반구대 암각화 모형이다.

훑어보면 어린아이 낙서 같은 다양한 그림들이 바위 곳곳에 새겨져 있다. 골똘히 바라보고 있자니 선생님이 오셔서 구원투수가 되어주셨다. 암각화만큼은 선생님께 요청해서 꼭 해설을 듣기를 추천한다. 깊이 있는 해설을 통해 그림 속에 담겨 있는 많은 이야기를 다시 만나고, 보다 구체적으로 상상의 나래도 펼쳐볼 수 있었다.

먼저 호랑이를 비롯해 전시실 중앙에 배치된 20여 종의 동물 박제는 바로 암각화에 새겨져 있는 육상 동물들을 모아놓은 것이었다. 암각화에서 제일 먼저 눈에 띄는 그림들 또한 줄무늬가 그려진 호랑이, 점무늬가 선명한 표범, 멧돼지, 너구리, 고라니 등을 그린 것이다.

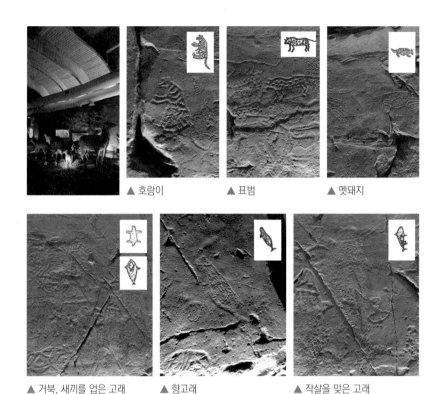

▲ 호랑이　　　　▲ 표범　　　　▲ 멧돼지

▲ 거북, 새끼를 업은 고래　　　▲ 향고래　　　▲ 작살을 맞은 고래

다음은 57마리의 고래와 각종 해양 생물이다. 놀라운 점은 전문가들이 보고 "이것은 범고래, 이것은 혹등고래, 북방긴수염고래, 귀신고래, 고래상어" 하고 그 종류를 모두 구분할 정도로 지느러미와 주름 등 각각의 전형적인 특징이 뚜렷하게 묘사되어 있다고 한다. 이 중 새끼를 등 위에 올린 고래가 유명하며, 귀신고래의 습성이라고 한다. 가운데 사진의 머리가 각진 향고래는 이 박물관 건물의 모델이 되었다.

그리고 매우 중요한 의미를 지닌 그림이 있는데, 줄이 달린 작살에 맞아 사냥당한 고래의 모습이다. 이 그림으로 인해 우리나라가 세계에서 가장 오래된 포경 기록을 보유하게 되었다.

대곡리 반구대 암각화가 알려지기 전에는 사미족이 약 5000년 전에 그린 노르웨이 알타 암각화가 최초의 고래잡이 기록을 보유하고 있었지만, 그보다 무려 1000년을 앞선 선명한 포경 증거 기록을 바로 울산에서 찾아낸 것이다. 그리고 주변에는 사냥에 쓰인 10인용 배와 20인용 배, 고래를 잡는 그물, 사냥한 고래를 해체하고 분배하는 모습까지도 꼼꼼히 새겨져 있다.

따라서 자손들에게 고래사냥과 처리 방법을 교육하기 위한 목적으로 암각화가 만들어졌다고 추측하는 학자들도 있다.

 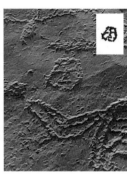 

▲ 얼굴 가면   ▲ 작은 얼굴   ▲ 제사장으로 보이는 사람

마지막으로 사람이다. 얼굴, 새 머리 가면을 쓰고 춤추는 제사장도 볼 수 있고, 이 외에도 긴 피리를 부는 사람, 바다를 관측하는 사람, 배를 타고 있는 사람들도 찾아볼 수 있다.

원로 사학자들은 그림 속 배의 모습을 두고 암각화를 청동기 시대 유물로 추정하고 있지만, 비봉리에서 신석기 시대 배가 출토된 이후 현재는 신석기 시대 작품으로 주장의 무게가 더 실리고 있다고 한다. 이외에도 황성총 패총에서 출토된 고래 사냥의 흔적을 보면 고래 뼈의 연도 측정 결과도 신석기였을 뿐더러, 뼈에 박혀 있는 작살의 재질이 청동이 아닌 사슴 뼈로 밝혀졌다. 또한 암각화에 함께 새겨진 그물무늬 토기,

조개가면 모두 신석기 시대의 유물들이라는 점도 간과할 수 없다. 이상의 증거들로부터 추론해볼 때 반구대 암각화는 신석기 시대 역사가의 거대한 화폭이며, 교과서이자, 기록지라고 보는 것이 타당할 것이다.

이 외에도 선사 예술에 관한 전시물과 구석기부터 청동기까지의 변화를 한눈에 볼 수 있게 구성한 디오라마도 눈길을 끌었다.

2층으로 올라오면 제법 넓은 여러 공간에서 아이들이 체험하고 놀기 좋은 '반구대 놀이터'가 마련되어 있다. 선사 마을의 생활상을 둘러보고 사냥을 체험하는 공간, 선사 미술실, 포토존 등이 재미있게 꾸며져 있다.

비가 내리기 시작했지만, 여기까지 왔기에 실제 반구대 암각화는 보고 가야겠다는 생각이 들었다. 다행히 반구천을 건너 암각화 전망대에서 500m 떨어진 다리까지는 차로 이동할 수 있었고, 남은 길도 유모차를 끌어도 될 정도의 평지였기에 아이들과 순조롭게 걸어갈 수 있었다. 게다가 여기는 예로부터 경치가 아름답기로 유명해 화가 겸재 정선을 비롯한 많은 명사가 찾았던 명소다.

걷다 보니 하천가에 공룡 발자국이 찍혀 있다는 너럭바위가 보인다. 백악기 용각류 공룡이 일정한 방향으로 걸어간 발자국이 20개가 넘는 매우 보기 드문 화석이라고 하는데, 천운인지 내리는 비로 웅덩이가 생겨 발자국 위치가 더욱 선명하게 보였다.

반구대 암각화 전망대에 도착했다. 전망대에는 특수 관측용 디지털 망원경 3대와 일반 망원경 2대가 설치되어 있다.

아는 만큼 보인다고 했던가. 박물관에 먼저 다녀오기를 잘했다. 제법 먼 거리이기 때문에, 만일 박물관에서 미리 암각화 모형을 보고 오지 않았다면 어느 바위인지조차 찾기 힘들었을 것이다.

　멀리서 직접 보니 선사인들이 '자연 속에 숨겨진 멋진 캔버스를 참잘 발견했구나' 싶다. 암각화 위의 바위가 처마 역할을 해 비바람을 막아주고, 반듯하게 넓은 면이 천연의 도화지다.

　빗줄기가 내리는 날이지만 최대 107배의 고배율 디지털 망원경 덕분에 세계에서 가장 오래된 고래 그림을 한껏 확대해볼 수 있었다. 또 일반 망원경으로 보면 마치 맨눈으로 보는 듯 바위의 질감이 느껴졌다. 다음에 다시 방문하게 되면, '반구천을 누비다' 프로그램을 사전 신청해서, 암각화 바로 앞에 가서 천천히 올려다보고 싶다는 생각이 차오른다. 휴전선 건너 이북 땅을 보듯 강 건너에서 망원경으로 보자니, 경이로움과 아쉬움이 함께 느껴진다.

　2020년 전망대에 특수 망원경을 설치하면서 관람객도 부쩍 늘었고, 또 앞으로는 VR 콘텐츠도 선보일 예정이라고 한다. 하지만 지금도 비가 많이 오면 물에 잠기고 훼손되어가는 국보 반구대 암각화. 지금 무엇보다 우선 중요한 것은 보존을 위한 적극적인 대책 마련이 아닐까. 만일 피사의 사탑이 쓰러지는 중이라면, 당장 VR을 만들 것인가, 아니면 사탑이 넘어지지 않도록 지지대를 세울 것인가.

선사 시대의 문화와 포경의 역사를 모두 담고 있기에 알타미라 벽화 못지않은 세계적인 가치를 품고 있지만, 현재 '수중 국보'라는 오명을 쓰고 10년 넘게 세계유산 잠정 목록에 남아 있는 반구대 암각화. 생각할수록 못내 안쓰럽다.

반구대 암각화를 발견한 날이 1971년 12월 25일이어서, 이 암각화를 '크리스마스의 기적'이라는 별칭으로도 부른다고 한다. 늦었지만 이제라도 확실한 보존 대책이 마련되고 시행되어, 다시 한번 그 가치가 존중되는 기적이 일어났으면 좋겠다.

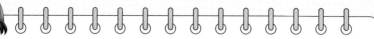

탐험을 떠나기 전, 알아보아요!

반구대 암각화, 울산 암각화 박물관은?

1970년 문명대 교수가 이끄는 동국대 불적 조사대는 마을 주민들로부터 그림이 새겨진 바위가 절벽에 있다는 이야기를 듣고 찾아갑니다. 그곳 벽화에는 청동기 시대부터 통일신라 시대까지, 여러 사람이 남긴 다양한 기하학 도형과 명문이 새겨져 있었지요. 바로 **천전리 암각화**입니다.

그로부터 1년 후, 조사대가 다시 방문했는데, 이번에는 마을 사람들이 "저 밑에는 동물들이 그려진 바위도 있다"라고 알려줍니다. 그렇게 발견된 것이 바로 **반구대 암각화**였지요. 발견 초기에는 307점에 이르는 그림과 문양, 기호가 새겨진 대규모 기록화였다고 해요. 하지만 해가 지날수록 계속되는 수몰과 훼손으로 인해 이제는 식별할 수 있는 그림이 많이 줄었다고 합니다.

울산 암각화 박물관은 2008년 개관했으며, 위 두 암각화 모형을 전시해 이해를 돕고 있습니다.

조금 더 알아보아요!

반구대 암각화가 왜 가치가 있지요?

▲ 대한민국 반구대 암각화

▲ 노르웨이 사미족 암각화

울주 대곡리 반구대 암각화는 인류 최초의 고래사냥 기록화입니다. 배 위에서 작살과 낚싯줄을 사용하는 모습은 물론, 고래를 잡고, 해체하며, 분배하는 등 구체적인 의례 그림까지 새겨져 있지요. 이런 분명한 표식들로 세계 고래잡이의 시작은 노르웨이 사미족이라는 기존의 공식을 뒤집었어요.

마치 고래 도감을 보듯 북방긴수염고래, 귀신고래, 혹등고래, 향고래, 범고래, 들쇠고래, 상괭이로 총 7종 57점이 그려져 있는데, 다양한 고래뿐만 아니라 한 바위 면에 22종의 동물, 총 353점의 무수히 많은 표현물이 새겨져 있지요.

또한 전 세계 암각화 가운데 반구대 암각화처럼 다양한 형상을 정교하고 입체적이며, 사실적 묘사로 표현한 암각화는 드물어요. 특히 '물 뿜는 고래'는 정면과 옆면의 고래 형상을 하나로 합쳐 그렸으며, '유영하는 고래', '새끼를 업은 고래' 등 여러 고래의 모습이 음양각 등 다양한 기법으로 실감 나게 표현되어 있지요. 그래서 도올 김용옥 교수는 반구대 암각화가 경주 문화재 전체에 필적할 가치가 있다고 주장하기도 했어요.

반구대 암각화, 얼마나 위험한 상황인가요?

암각화는 2013년까지 매년 150일 넘게 침수되었어요. 반년 이상을 물속에 갇혀 있다가 갈수기에만 모습을 드러내니 온통 진흙과 이끼가 엉겨 붙어 형체를 알아보기 힘들 정도였지요.

최근 사연댐의 물을 인위적으로 방류해 평소에는 수위를 암각화 아래로 유지하고 있지만, 폭우가 오면 수위가 급격히 올라가 잠기기 때문에 현재도 연평균 42일은 침수된다고 해요.

이처럼 잠수를 반복하면서 120곳 이상 그림의 표면이 떨어져 나가는 등, 1980년대 초에는 뚜렷하게 보이던 그림 중 상당수가 알아보기 힘들게 변했다고 합니다. 이에 더해 상류에서 내려온 쓰레기 등의 부유물과 암각화가 부딪히거나, 퇴적층이 쌓이면서 피해가 더 큰 것으로 보고 있습니다.

인물을 소개합니다!

문명대

  한국 선사 시대 문화의 정점이라 평가되는 반구대 암각화를 학계에 알린 분입니다. "반구대 암각화의 발견 주체는 특정 개인이 아닌 대곡리 마을 사람들의 공동체 제보였고, 자신은 조사책임자였다"라며 겸손하게 공을 미루셨지요. 현재도 구체적인 암각화 보존 방법을 제시하며 꾸준한 관심과 우려를 표하고 계십니다. 그리고 "제2의 반구대 암각화가 있을 것이다"라는 주장도 하셨지요. 과연 발견할 수 있을까요?

출처 : 울산암각화박물관 홈페이지(집청정 제공)

  문명대 교수님에 대해 더 자세히 알고 싶은 분은 하단의 큐알코드를 참조해주세요.

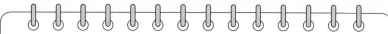

탐험 팁과 이모저모!

- 암각화를 직접 가서 볼 경우, 햇빛이 암각화에 비칠 때 가장 그림이 잘 보이기 때문에, **4월부터 9월 중순 사이 맑은 날 오후 4시**가 제일 잘 볼 수 있는 시간이라고 합니다. 그리고 10월 중순부터 2월 말까지는 종일 암각화에 햇빛이 비치지 않는다고 해요. 그래도 망원경을 통해 뚜렷한 그림들을 확인할 수 있습니다.
- 매월 마지막 주 토요일에 성인 또는 가족 대상 교육 프로그램인 **암각화 공작소**를 운영합니다.
- 어린이 단체 교육 프로그램 **숲속의 박물관 학교**를 운영하고 있어요.
- 평일은 오후 3시, 주말은 아침 10시 반과 오후 3시에 반구천 일원 답사 프로그램 **반구천을 누비다**를 운영하고 있습니다. 이 프로그램을 신청하면 반구대를 강 건너 전망대에서 망원경으로 보는 일반적인 방법이 아니라, 소수 그룹을 이루어 바로 바위 앞에 가서 해설을 듣고 근접 관람할 수 있다고 합니다.
- **울산박물관**에서도 실물 크기의 크기의 반구대 암각화 3D 실물 모형을 만날 수 있어요.

조윤 대장의 탐험 일지

무엇무엇이 기억에 남았나요?

암각화 박물관에서 본 바위에 새겨진 동물을

전망대에서 망원경으로 봤다.

어떤 생각과 느낌이 들었나요?

반구대 놀이터에서 토기를 손으로 직접

만져 봐서 신기하고 재밌었다.

무엇이 궁금해졌나요?

큰 고래를 어떻게 잡았을까요?

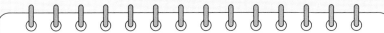

탐험 대장의 궁금증

당시 고래를 어떻게 잡았을까요?

통나무배로 먼바다까지 나가는 것은 성공했지만, 작은 배로 커다란 고래를 잡아서 끌고 오기는 힘들었겠지요?

2018년에 열린 **대곡천 암각화 국제학술대회**에서 5개국 전문가들이 이에 대한 의견을 나누었어요. 그 결과, 당시 고래잡이가 먼바다에서 이뤄졌을 가능성은 매우 낮을 것이고, 만으로 들어온 고래를 여러 척의 소형선박을 이용해 잡았을 것으로 판단했지요. 강 하류에 있는 고래를 상류 쪽으로 몰아가면서 좌초시키는 방법 등도 사용했을 것으로 보고 있어요. 어떤 모습일지 상상해볼 수 있나요?

또 다른 탐험을 추천합니다!

- 도서 《**신석기 시대에서 온 그림 편지**》: 반구대 암각화에 새겨진 피리 부는 사람으로부터 영감을 얻어 김일옥 작가가 지은 책으로, 신석기 시대 사람들의 강인한 모습을 반구대 암각화를 통해 드러내고 있어요. 반구대 암각화 탁본과 생활 도구 사진도 함께 실려 있답니다.
- **울산박물관**: 반구대 암각화와 울산 지역의 신석기 시대에 대해 더 배울 수 있고, 당시 잡은 고래의 뼈도 전시되어 있어요.

신석기 여행 후기

1. 신석기 여행은 어땠나요?

꼬마 탐험대장의 질문 중에 "아빠, 신석기인들은 무슨 말을 제일 많이 했을까요?"라는 물음이 있었어요. 아마 신석기 탐험을 시작하기 전이었다면, "신석기인이 말은 무슨, 아마 '우가! 우가!' 하지 않았을까?"라고 어리석은 답변을 했을 것입니다.

이제는 그들이 절대 그렇게 의사소통하지는 않았겠다는 생각이 듭니다. 그들은 우리의 관념보다 매우 발전했고, 깊이 생각하고 연구했으며, 희로애락을 공유하던 집단이었어요. 장례 의식을 하며 함께 슬퍼하는 모습, 고래를 잡고 함께 기뻐하며 춤을 추는 모습, 빗살무늬 토기에 도토리 죽을 만들어 움집에서 나눠 먹는 단란한 모습이 눈앞에 그려집니다.

물론 주민들 간의 갈등도 있었겠지만, 수많은 사람이 죽는 잔혹한 전쟁보다는 여전히 자연과의 투쟁이 더 중요한 과제이자 도전이었던 신석기 시대. 꼭 탐험해보시기를 추천합니다. 첫째 아이는 이제 박물관에 가면 글씨 하나하나를 눈여겨 읽는 모습을 보인답니다. 이제 5살이 된 둘째 아이도 타임머신 여행을 좋아하고, 돌멩이를 보면 "신석기!"라고 외치기도 하지요.

2. 여행지를 추천한다면?

가장 좋았던 여행지는 오산리 선사유적입니다. 하지만 그렇다고 신석기 필수 코스인 암사동 선사유적을 지나칠 수는 없을 것 같아요.

그래서 양양 오산리를 거쳐 서울 암사동 선사유적을 방문한다면, 신석기 시대가 전반적으로 머리와 마음속에 잘 그려질 것으로 생각됩니다. 빗살무늬 토기를 만들어보는 체험도 놓치지 마세요. 그 후 좀 더 여유가 된다면 암각화박물관에서 선사인의 경이로운 기록을 만나 보는 것을 추천합니다. 여행에 멋진 이야기들을 더할 수 있을 거예요.

물론 국립중앙박물관 등 진품 유물이 많고, 교과서처럼 핵심만 척척 요약 정리된 곳들도 있지만, 우리 가족 탐험대는 지금처럼 역사의 현장을 찾아가보는 여행을 계속할 생각입니다.

3. 어려운 점은 무엇이었나요?

본래 비봉리 유적까지 세 곳을 신석기 탐험으로 하고, 대곡리 반구대 암각화는 청동기 탐험으로 하려고 했어요. 하지만 탐험 전에는 암각화의 발생 시기를 명확히 단정 짓기 어려웠습니다. 청동기와 철기, 그리고 고조선의 시점도 앞으로 고민거리가 되겠지요. 하지만 역사 시대가 되면 기록된 연표에 따라 탐험 순서가 더 명확해질 것으로 기대합니다.

PART
03

청동기

전기 청동기
진주 대평리 유적

중기 청동기
고창 죽림리 유적

후기 청동기
부여 송국리 유적

08

진주

대평리 유적_진주 청동기 문화 박물관

B.C.E.1200
(3200년 전)

율아~
돌멩이 보고 있어?

알록달록한
돌이 있어요!

신석기인들도 돌을 잘 관찰했어.
구리와 주석을 찾아 함께 녹였고,
그래서 발견된 것이 청동이지.

그래서 청동기라고
하는구나.

❶ 상설전시관 ❷ 기획전시관 ❸ 발굴지 ❺ 대평마을
❼ 청동기시대 무덤군 ❿ XR망원경 ⓯ 매표소

주소 경남 진주시 대평면 호반로 1353
운영 09 : 00~18 : 00
요금 입장료 유료, 주차료 무료
시간 약 2시간 소요

연락처 055-749-5172
휴무 월요일, 신정, 설날, 추석

(2024년 2월 20일 기준)

청동기 시대는 석기 시대에 비해 상대적으로 짧은 시대다. 어느 지역을 가보아야 좋을까. 사전 조사 중 가장 눈에 띄는 곳은 진주 청동기 문화박물관이었다. 박물관 이름부터 "여기는 청동기다"라고 외치는 이곳으로 한번 가보자.

논개의 눈물이 담긴 남강에 도착했다. 생각보다 탁 트인 넓고도 깊은 강이 유유히 흐른다. B.C.E.1500년경 청동기 시대가 열리며 남강 유역 곳곳에 마을이 형성되고 본격적인 농경 생활이 시작되었다고 한다.

외부 매표소를 먼저 방문했다. 관람료는 1,000원이 넘지 않지만, 관람료를 면제받는 혜택도 많고, 진주시민, 경상남도 가족 단위 관람객, 두 자녀 이상 가정, 자매도시, 동주도시, 혁신도시 시민은 50% 관람료 할인이 되니 큰 부담이 없다. 휠체어와 유모차 대여도 가능했다.

박물관에 들어가면 '타임배슬 승강장'에서 옥 모양의 RFID 체험용 목걸이를 받고, 상영관으로 안내받는다. 이 옥 목걸이를 상설전시관 입구에서 태그하면 휴대폰 화면으로 AR호봇과 함께 박물관 여행을 시작할 수 있으며, 다채로운 해설은 물론 놀이 체험 활동에 접속 권한을 얻을 수 있는 재미있는 시스템이다.

상영관에서는 〈청동기 시대 대평의 꿈, 남강의 힘〉이라는 애니메이션을 통해 당시 대평리 마을의 모습과 생활상을 재미있게 볼 수 있다. 특히 옥을 거래하거나 빼앗으려고 하는 타 부족들과의 관계, 전쟁과 약탈, 부족장의 등장 등은 이전 시대에서는 볼 수 없던 변화였다.

본격적인 견학을 위해 2층 상설전시관으로 올라가면서 밖을 보니 창문 너머로 남강이 가득하다. 해설해주시는 선생님께 "유적지는 어디에 있나요?" 하고 물어보니 흐르는 강물을 가리키신다. 대평리 유적은 남강 댐 건설 시 발견되었고, 다년간 발굴 조사를 마친 후 다시 강물 속으로 수장되었다고 한다.

물론 저 큰 강줄기를 바꾸거나 막는 일은 쉽지 않았을 것이다. 발굴된 유물도 중요하지만, 실제 살았던 청동기 마을 터 또한 보존 가치가 상당할 텐데 다시 물속에 잠겨 있다니, 아름답게 보이던 강물이 한순간 원망스러워진다. 그래도 그곳을 잊지 않고자 이 박물관을 세우게 되었다고 한다.

건물 내부에 번쩍번쩍한 적갈색 기둥과 벽면이 많은데, 선생님 말씀으로는 본래 만들어진 청동 유물은 이러한 동메달 색이었고, 시간이 흐

르면서 산화되어 녹청색으로 변하게 된 것이라고 한다. 당연히 푸르스름하게 기억되어 있던 청동검과 청동거울인데, 본모습이 아니라니 고정관념이 번쩍 깨지는 순간이다. 한편, 부족장이 이처럼 붉게 번쩍이는 검과 거울을 지니고 있다면, 그 위엄이 대단했으리라 상상이 된다.

2층 상설전시실에는 돌검과 반달돌칼 등 대표적인 청동기 유물 모형이 전시되어 있고, 입구에는 대평리 마을을 암각화로 표현해놓았다.

보물인 '농경문 청동기' 전시실도 마련되어 있다. 본격적인 농경의 시작을 확인할 수 있는 중요한 유물이다. 유물에 새겨진 솟대를 보니, 솟대가 생각보다 훨씬 오래된 민간신앙임도 알 수 있었다.

전시된 유물도 풍성하지만, 전시실 곳곳마다 시각적인 효과를 높이기 위한 정성이 돋보인다. 청동기 시대 마을의 풍경을 파노라마로 보는 실감 영상관도 그중 하나다.

청동기 시대에는 농경을 시작하며 본격적으로 정착 생활을 하게 되었고, 서로 역할을 나눠 생산 활동을 하며, 이웃 마을과 교역도 활발하게 했다고 한다. 대평리 사람들은 대부분 벼, 밀, 보리, 기장, 조, 콩, 들깨 등 곡물류를 재배해서 섭취했지만, 단백질 보충을 위해 동물을 키우고 사냥한 흔적들도 보인다.

'농경 생활', '대평 공방', '무덤과 의례'라는 각각의 주제별로 유물을 구분해서 전시한 점이 좋았고, 양적으로도 볼거리가 참 많았다. 경작물을 수확하는 반달돌칼의 쓰임새, 가족의 유골을 가까이 잘 보관하고자 했던 옹관, 사냥이 아닌 부족 간의 전투를 위해 전보다 폭이 좁고 날렵

해진 화살촉 등 다양한 정보를 얻을 수 있었다. 전시 설명문은 아이들도 이해하기 쉽게 되어 있고, 때로는 발문을 통해 생각할 거리를 던져 주기도 한다. 전시 구성과 공간 활용이 참 세련된 편이다.

흥미로웠던 전시물은 토기의 활용 재현 장면이다. 재료를 담고 불을 피워 조리하는 모습을 재현했는데, 토기의 안쪽 면에는 음식이 채워졌던 경계선도 남아 있었다. 곡물과 물을 담고 불에 끓이거나 쪄서 먹었다고 한다. 또한 대평에는 옥 공방이 있어서 제작은 물론 수출도 했을 것으로 추정하고 있는데, 푸른 옥 장신구도 출토되었지만, 돌을 정교하게 옥처럼 다듬은 장신구도 눈에 띄었다. 해설사 선생님 말씀으로는, 최고 권력층이 아닌 사람들은 돌을 옥처럼 깎아서 사용했을 거라 하셨다. 일종의 모조품, 큐빅인 셈이다.

'AR 드론 관측실'에서는 미션을 성공해서 대평마을 디오라마 곳곳에 불을 밝힐 수 있다. 아이들이 게임을 하는 동안 섬세하게 제작된 마을 풍경을 살펴보는 재미 역시 쏠쏠하다. 농사짓는 사람들, 망루에서 경계를 서는 사람들, 고인돌에 기도하는 사람들, 배를 타고 떠나는 사람들 등 다양한 청동기인의 모습을 관찰하면 시간 가는 줄 모른다.

　'진주의 옥공방' VR 체험은 10살 이상부터 가능하다. 장인이 되어 옥
원석을 골라 옥마석에 갈고 구멍을 뚫어 완성해보는데, 체험 시간도 적
절하고 재미있다. 조작이 어려운 어린아이들에게는 특별히 VR 헬멧으
로 공방 전경을 보여주셨다. 아이들을 위한 '대형 터치스크린'과 '청동
기 마을 꾸미기' 체험도 함께 있었다. 자기만의 청동기 마을을 만들어
보느라 발길을 떼지 못하기에 달래서 계단을 내려왔다.

　전시관 뒤편으로 나가면 먼저 호수를 향한 XR 망원경이 보이는데,
진양호에 잠긴 대평마을을 30초간 AR로 구현해서 볼 수 있다고 한다.
실제 유적을 느껴볼 수 있게 하려고 노력한 흔적들이 대단하다.

　야외 전시장의 너른 들판에는 다양한 형태의 집터, 다락 창고, 목책, 공방 등이 재현되어 있다. 신석기 시대보다 다양한 목적과 형태의 건물들이 튼튼하게 만들어져 있어서 발전을 체감할 수 있다. 움집마다 곡식 저장 항아리, 식기 등 다양한 생활용품이 재현되어 있거나, 퀴즈 등 각종 체험 장치가 비치되어 있고, 뮤지컬 영상이 상영되는 등 각각 볼거리와 체험거리가 풍부했다.

　또 하나 눈길을 끄는 것은 한쪽에 설치된 '청동기 시대 움집 재현 실험'이었다. 고고학자와 시민들이 당시 기술과 도구로 주거지를 재현하고 움집이 무너져가는 과정까지 관찰 연구 중이었는데, 움집은 제작된 지 1년 반이 지난 시점임에도 구조적으로 큰 문제가 없어 보였다. 이러한 실험을 통해 당시 기술과 생활상을 연구해보고자 하는 시도가 무척 값지다.

　목책 문을 나와 청동기 시대 가호동 무덤군을 향해 갔다. 다양한 형태의 고인돌과 돌널무덤을 나란히 전시해서 쉽게 비교 이해할 수 있었고, 실제 장방형과 원형 묘역식 무덤 또한 약 7기가 이전 복원되어 있었다. 그중 석촌동 고분처럼 주위에 돌단을 차곡차곡 쌓아올린 가호동 2호 무덤은 언뜻 보아도 풍기는 위엄과 자태가 '이것은 지도자의 무덤

이 틀림없구나'라는 생각이 들게 한다.

RFID 옥 목걸이를 통해 각종 체험을 유도하고 아이들의 흥미를 끌어낸 시스템도 좋았고, 다양한 첨단 기기와 영상도 인상적이었지만, 전시품과 전시 공간 구성만 놓고 보더라도 청동기 시대를 이해하기에 참 알차고 좋은 박물관이라는 생각이 들었다. 이는 분명 대평리 유적에 관한 관심과 이해를 우선했기에 가능한 일일 것이다.

2시간 정도면 충분히 관람할 수 있을 것 같지만 역시 체력 좋은 우리 탐험대장들은 반나절을 구석구석 탐험하다가 마감 시간이 다 되어서야 문을 나선다.

주차장 건너편, 이제는 돌아갈 수 없는 대평마을을 바라보며 돛단배 한 척이 강둑에 기대어 있다. 나도 돛단배와 함께 진양호 속에 잠든 대평리를 물끄러미 그려보았다.

탐험을 떠나기 전, 알아보아요!

진주 청동기 문화 박물관은?

1967년 진양댐 건설 후 경지 정리 공사 과정에서 17,000점이 넘는 유물이 발견되며 남부지방 최대의 청동기 시대 유적으로 확인되었지요. 또한 청동기 전기와 중기에 걸쳐 형성된 무덤군, 경작지, 환호 등의 공공시설물과 대규모 취락지 등이 발견되면서, 당시 사회를 연구하기에 높은 가치가 있음이 인정되었습니다. 국내에서 가장 오래된 3200년 전 논농사 흔적도 발견되었어요.

하지만 현재 유적은 발굴 조사 이후 진양호 밑에 잠겨 있으며, 2009년 남강 수변에 진주 청동기 문화 박물관을 세워 출토된 석검과 무문토기, 반달돌칼, 옥 등 진품 유물 300여 점을 전시해놓았답니다.

조금 더 알아보아요!

청동기와 고조선, 누가 먼저일까요?

7차 국정 국사 교과서 초판까지는 한반도 지역의 청동기 시대 시작점을 B.C.E.10세기경으로 보고 있었지만, 2006년 개정판 이후로는 '기원전 2000년경에서 1500년경'으로 수정되었어요.

학자들 간에 서로 다른 주장도 많지만, 현재로서는 이 시기에 무문토기(민무늬토기)와 지석묘(고인돌)로 대표되는 청동기 사회가 시작되었다고 보는 것이 일반적입니다.

그러면 《삼국유사》와 《동국통감》 기록에 나오는 '단군왕검이 고조선을 건국했다(기원전 2333년)'는 어떻게 해석해야 할까요? 고조선은 청동기의 시작점보다 몇백 년이나 앞서 있는 국가로 볼 수 있을까요?

그렇지만 '고조선이 청동기 문화를 기반으로 형성된 국가'라는 점에는 대다수 학자가 동의하고 있으며, 7차 교육과정 교과서는 '족장 사회에서 가장 먼저 국가로 발전한 것은 고조선이다'라고 밝히고 있지요.

따라서 '고조선은 당시 부족 사회 중 앞서 청동 기술을 사용했으며, 최초의 국가 형태를 성립했다. 다만 당시에는 지역 간 문화의 발전 속도 차이가 큰 편이었기 때문에, 한반도 전반에 청동기 문화가 자리 잡았다고 볼 수 있는 시대는 기원전 2000년경에서 1500년경이다'라고 보는 것이 가장 자연스러울 것 같아요.

실제로 많은 고서(古書)가 고조선의 성립을 기원전 2300년 부근으로 기록하고 있지만, 최초의 고조선은 요동 지방에서 한반도 서북 지방에 걸쳐 성장

한 여러 지역 집단을 통칭해서 부른 것으로 보고 있으며, 실제 고대 국가로서의 모습이 기록된 자료는 기원전 4세기 중반부터 등장합니다.

앞으로 관련 유물이 계속 발굴되고 한반도가 통일되어 많은 자료가 공유되면 보다 명확해질 수 있겠지요.

우리는 청동기 탐험 이후 바로 고조선으로 가보도록 해요.

대평리 마을은 얼마나 큰 도시였나요?

우리나라에서 가장 큰 규모의 청동기 시대 경작지와 마을이 있었을 것으로 추정되는 대평리 유적은 얼마나 큰 마을이었을까요?

1만여 평에 이르는 밭 경작지, 400여 동의 집터, 100여 기의 무덤, 옥 공방과 석기 공방 등의 흔적이 발견되었기에, 거대한 도시라고 해도 과언이 아니겠네요. 추정컨대, 최대 2,000명 정도 상주할 수 있으며, 마을 경계인 환호의 내부 면적은 44,000m²(13,000평)로, 축구장 6개 정도 크기라고 가늠할 수 있어요.

인물을 소개합니다!

유희춘

전시된 기원전 5세기경 보물 '**농경문 청동기**'에는 벌거벗고 밭을 일구는 남자의 모습이 새겨져 있어요. 많은 사람이 이 모습을 궁금하게 생각했는데, 조선시대 학자 유희춘의 문집 《미암선생집》에 해답이 실려 있습니다.

신년 입춘에 벌거벗고 밭을 가는 의식을 통해 한 해 운세를 점치고, 풍년을 기원하는 세시풍속 **입춘나경**에 관한 내용이었지요. 청동기 시대부터 2000년을 이어 내려온 오랜 풍속이 아니었을까요.

▲ 농경문 청동기

▲ 《미암집》

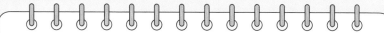

탐험 팁과 이모저모!

- 진주는 과거에 진양이라고 불렸고, 진양호에서 유적이 발견되었기 때문에, **진양 대평리 유적**으로도 알려져 있습니다.

- 건물 외부에 청동기 배움터와 청동기 카페가 있어요.
- 입구에서 4가지 미션이 담긴 《**출동! 대평마을 구조대**》 활동지를 찾을 수 있습니다.
- 1층에서 옥 모양의 **RFID 목걸이**를 받고 관련 체험을 할 수 있어요. 모든 체험을 마치면 전시관 입구 타임배슬 승강장 기계에서 **대평마을 구조대 임명장**을 출력하고, 목걸이를 반납할 수 있답니다.
- 전시관 계단에도 노을로 유명한 진양호 상류를 바라보며 쉴 수 있는 **전망쉼터** 휴게 공간이 마련되어 있어요.
- 단체관람 예약 신청은 홈페이지에서 받고 있습니다. 또한 단체의 경우 **옥 장신구 만들기** 체험을 할 수 있는데, 시간은 40분 정도 소요되며 홈페이지에서 7일 전까지 사전 신청하면 된다고 해요.
- 박물관 옆에 청동기 배를 본떠 만든 상징물이 있어요.

조윤 대장의 탐험 일지

 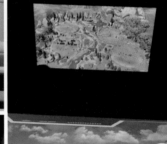

무엇무엇이 기억에 남았나요?

옥 목걸이를 봤고 진주네 옥공방에 가서 화면으로 반달돌칼도 만들었다.

어떤 생각과 느낌이 들었나요?

예쁜 옥으로 또 뭘 만들었을지 궁금하고, 비파형 동검 모양이 멋있었다.

무엇이 궁금해졌나요?

청동기 토기에는 왜 무늬가 없나요?

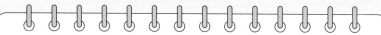

왜 청동기 토기는 화려한 무늬가 없어졌나요?

청동기 시대 탐험 때 본 토기들은 무늬가 없는 **민무늬 토기**, 또는 **가지무늬 토기**가 대부분이에요. 신석기 토기의 그 화려한 무늬들은 왜 갑자기 사라진 것일까요?

신석기 시대에는 여러 사람이 정성껏 만들었지만, 청동기 시대에는 수요가 증가하자 전문가가 공방에서 대량 생산하고, 빠른 보급을 위해 단순화시킨 것으로 보고 있어요. 예술성보다는 실용성이 더 중요하게 된 것이지요. 신석기 시대보다 여유가 없어지고 바쁜 경쟁사회가 되었기 때문이라고 해석하는 시각도 있답니다.

또 다른 탐험을 추천합니다!

- **대구 달서 선사관**: 월성동 유적은 가장 이른 시기의 청동기 시대 주거 및 생활유적도 보이기 때문에, 신석기 시대에서 청동기 시대로 전환되는 과정을 볼 수 있다고 해요.
- **양구 선사 박물관**: 1997년 개관한 한국 최초의 선사 시대 전문 박물관으로, 석기 시대와 청동기 시대의 유물, 고인돌 공원까지 함께 볼 수 있습니다.

09

고창

죽림리 유적_고창 고인돌박물관

주소	전북 고창군 고창읍 고인돌공원길 74	연락처	055-749-5172
운영	09:00~18:00	휴무	월요일, 신정, 설날, 추석
요금	입장료 유료, 주차료 무료, 탐방차량 유료(악천후 시 미운행)		
시간	약 3시간 소요		(2024년 2월 21일 기준)

선운산 자락에서 아침을 시작했다. 산허리에는 물안개 가득하고 빗방울이 부슬부슬 내리지만, 선운사를 오가는 생태숲 산책만큼은 우리 가족이 사랑하는 고창의 필수 여행 코스다. 그간 여행 목적으로 몇 번 다녀간 고창이지만, 이번에는 청동기 시대 고인돌을 탐험하기 위해서 다시 찾게 되었다.

산책을 마치고 내려오는 길, 우연히 삼인리 고인돌군을 발견했다. 수많은 소원이 모인 돌탑들을 머리마다 가득 이고, 커다란 고인돌 10여 기가 길가에 놓여 있다. 이 주변에도 오래전 청동기 마을이 있었던 까닭이다. 그동안 이곳에 고인돌군이 있는지조차 몰랐는데, 비로소 눈에 보인다.

박물관 주차장에 들어서자 '유네스코 세계유산' 표지와 거대한 고인돌이 우리를 맞이한다. 고인돌이라 하면 어릴 적부터 만화 등에서 항상 큰 돌 3개를 탁자처럼 쌓아놓은 것으로 묘사해놓았기에, 마치 신발을 신고 있는 듯한 이 고인돌의 생김새가 무척이나 낯설다.

너무 거대해서 당연히 모형일 것이라 생각했는데, 실제 계산리 고인돌을 이곳으로 이전 복원한 것이었다. 무게 90t, 길이 6.5m, 너비 3.5m, 두께 3.4m의 초대형급 바둑판식 고인돌로, 가까이 가보니 미니버스 정도의 크기가 압도적이다. 매표소에서는 박물관 입장권과 탐방 차량 이용권, 그리고 죽림선사마을 활동체험권을 구매할 수 있다.

박물관은 1층 미디어 정원, 기획전시실과 상영관, 2층 상설전시실, 3층 체험학습실로 활용하고 있으며, 로비부터 넓고 공간이 여유롭다. 캐비닛에 겉옷과 소지품을 보관하고, 맞은편에 있는 수백 기의 고인돌 사진부터 살펴보았다. 세계유산에 선정된 모든 한국 고인돌이 지역별로 정리되어 있고, 터치스크린으로 설명도 볼 수 있다.

안쪽에는 '고인돌 미디어 정원'이 있다. 실제 정원 안에 있는 듯한 쾌적함을 느끼며 미디어 파사드를 감상할 수 있는데, 야외 관람 코스에 있는 고인돌들에 대한 자세한 정보는 물론, 아름다운 영상도 감상할 수 있는 편안한 휴식 공간이다.

기획전시실에는 대표적인 한국의 고인돌들을 정밀하게 축소 전시해 시선을 끌었으며, 무덤 안에 부장되었던 간돌검, 토기, 장신구 등 다양한 유물을 살펴보는 것도 흥미로웠다.

전시실 입구에는 AI와의 응답을 통해 청동기 시대 가상의 직업과 모습을 출력해주는 기계가 있었는데, 첫째 아이는 '돌널을 만드는 사람'이 나왔고, 둘째 아이는 무려 '청동기 마을 족장'이 나와 행복해했다.

매시 정각에 상영되는 17분 길이의 영상을 보고자 상영관에 입장했다. 〈영원한 사랑〉이라는 교육만화 느낌의 제목이어서 크게 기대하지 않았는데, 3D 안경을 착용하고 나니 저절로 화면에 집중이 된다. 그리고 곧 청동기 매산마을을 배경으로 자연을 극복하고, 다른 혈족과의 갈등 및 화해의 과정을 거치며 발전해 나가는 감동의 드라마 한 편이 시작되었다. 자막까지 충실해 상업 영화로 수출해도 손색없을 well-made 단편 영화였다.

1층에서 알차게 시간을 보내고 2층에 올라왔다. 상설전시실 초입에는 채석부터 운반까지의 과정을 잘 보여주는 조각상이 전시되어 있다. 이어진 실물 크기의 청동기 마을 디오라마 전시도 인상적이었다. 견고하게 움집을 짓는 모습, 토기를 굽는 모습, 사냥하고 요리하는 모습, 곡

식을 추수하는 모습, 시신을 돌널에 매장하는 모습 등을 실물 크기로
보니 더 실감 나고 세부적인 면면이 잘 보인다.

청동기 시대의 유물들도 가지런히 전시되어 있었는데, 특히 간돌검
의 정교함이 놀랍다. 당시 농경의 증거로 탄화미와 논두렁, 밭고랑 등
이 발견되었고, 식생활로는 밥을 짓거나 죽을 끓이고, 또는 떡과 같은
음식을 먹은 것으로 보인다.

전시실의 끝에는 '한반도의 청동기 시대 유물'로 관옥과 곡옥, 부채
모양청동도끼, 붉은간토기, 민무늬토기, 비파형동검, 비파형동모, 간돌
검의 모형을 보여주며 깔끔하게 요약 정리해주었다.

전시실을 나오자 고인돌의 기원과 분포, 발굴사, 축조 과정과 형태 등이 안내되어 있고, '실감 영상실'에서 고인돌의 사계 사진을 슬라이드쇼로 감상할 수 있었다.

지금까지 고인돌을 직접 볼 수 있었던 경험도 많이 없었고, 그렇게 많을 것으로 생각해본 적도 없는데 우리나라에서만 3만여 기, 그중 고창읍에서만 500여 기가 넘는다는 사실이 놀라울 따름이다. 어떤 고인돌에는 암각화가 그려 있거나 별자리로 보이는 구멍이 뚫려 있다고도 한다. 이집트와 마야의 피라미드에는 관심을 갖고 있었으면서, 우리나라가 대표적인 거석 문화권 국가라는 사실을 이제야 깨닫게 되니 부끄러움도 찾아온다.

보통 이쯤이면 전시가 끝날 법한데, 고인돌박물관 엘리베이터에는 체험학습실로 갈 수 있는 3층 버튼도 남아 있다. 3층 전망대로 올라가자 넓은 들판이 훤히 내려다보여 속이 탁 트이며 다시 체험할 기운이 샘솟는다. 비치된 망원경으로 목책에 둘러싸인 선사마을 구석구석을 탐험하고, 고인돌을 찾아보는 시간도 가졌다.

아이들에게는 더 즐거운 시간이다. '고인돌 만들기', '청동기 보물찾기', '3D 색칠 놀이' 기계 7대가 아이들의 눈과 손을 사로잡는다. 쉽고 재미있기도 하지만, '고인돌 만들기'는 고인돌의 형태별 축조 과정을 간접 체험하는 등 내용이 무척이나 교육적이다. 화면에 볼풀공을 던져서 점수를 내는 '선사 시대 사냥왕'도 무시할 수 없다. 시작하면 어른들도 빠져나오기 힘든 재미와 매력이 있다.

결국 죽림선사마을 선생님이 "체험 활동 매표를 하셨는데, 몇 시간이 지나도 안 오셔서 찾아왔다"며 우리 가족을 찾아 전시관까지 차로 달려오셨다. "자, 우리 이제 고인돌도 보고 체험 활동도 하러 가자!"

아쉬운 점은 '모로모로 탐방 열차'를 타고 이동했으면 어른도 아이도 참 좋아했을 텐데, 비가 와서 타보지 못한 것이다. 이 열차 이름은 옛날 마한 시대 고창 땅에 있었던 '모로비리국'이라는 나라 이름에서 유래했는데, '모로'에는 '최고'라는 의미가 있다고 한다.

체험관에서 첫째가 선택한 활동은 돌화살촉 만들기. 직접 숫돌에 돌을 갈아서 화살촉을 만드는 활동이다. 아이의 결과물은 비록 서툴지만, '청동기인은 어떻게 돌을 저렇게 정교한 모양으로 갈아냈을까?' 싶던 의문점을 몸소 풀어볼 수 있는 독보적인 체험 활동이었다.

아이들은 각자 자신의 돌화살촉을 들고는 어느새 청동기 마을 족장으로 변신했고, 이후 한동안 소꿉놀이로 사슴 사냥을 하곤 했다.

고인돌박물관에는 선사마을이 2개 있다. 박물관 뒤뜰 야외 전시장에 있는 선사체험마을은 여타 박물관과 같이 일정 공간 안에 선사마을 일부를 재현했다. 하지만 죽림선사마을은 반대편 목책이 보이지 않을 정도로 큰 규모로 조성되어서 실제 청동기 마을 안에 와 있는 느낌이다. 우리는 실내 체험관만 이용했지만, 홈페이지에 보면 야외 체험관에서 움집 짓기, 목책 세우기, 불 피우기, 사냥 및 어로 체험도 무료로 운영한다고 한다.

마을을 떠나기 전, 언덕에 올라섰을 때 눈을 의심하는 광경을 보게 되었다. 마을 목책 넘어 야트막한 동산에 거인들의 화석처럼 쿵쿵 놓여 있는 수많은 검은 고인돌들. 고인돌군이라고는 했으나 산의 한쪽 면을 채울 정도로 많은 거석이 모여 있을 거라고는 미처 생각하지 못했다.

모양과 크기도 모두 각양각색이며 배치도 불규칙적이었지만, 이곳이 바로 오래된 왕가의 무덤이 아니겠는가.

"다음 날 금마군으로 향하려 할 때, 이른바 '지석(支石)'을 구경했다. 지석이란 것은 세속에서 전해지기를 옛날 성인(聖人)이 고여놓은 것이라 하는데 과연 기이했다."

이규보의《동국이상국집》에 나오는 구절이다.

역시 백문불여일견(百聞不如一見)이라 했던가. 직접 와서 보니 고인돌에 관한 생각과 가슴에 와닿는 느낌이 예전처럼 가볍지 않다.

어릴 적 돌도끼를 마구 휘두르는 선사인이 뛰어다니는 '고인돌'이라는 고전 게임이 있었다. 그때부터였는지 고인돌에 대해서 원시적으로여기는 잘못된 고정관념이 나도 모르게 새겨져 있었던 듯하다.

강해지는 빗줄기에 오래 머물지 못했지만, 나에게 고인돌군이 주는신성한 기운과 인상은 매우 강렬했다. 기회가 된다면 다시 찾아와 조용히 주변을 산책하고 싶을 정도로 선물 같은 시간이었다.

고인돌교를 건너고 한 무리의 고인돌을 지나면, 다시 전시관 뒤편의야외 전시마당으로 돌아올 수 있다. 선사체험마을, 고인돌 끌기 체험마당이 자리한 제법 넓은 공간이다.

고인돌박물관은 소장 유물이 많은 편은 아니지만, 아이가 놀면서 배울 수 있는 다양한 체험이 가득하고, 어른도 인상 깊게 경험할 수 있는 영상과 미디어 연출도 갖추었기에 시간을 보낼 충분한 가치가 있었다. 그리고 무엇보다 고인돌군을 보기 위해 다시 방문하고 싶은 곳이다.

비록 이번에 1.8km 구간 곳곳에 열을 지어 분포된 장대한 고인돌군을 모두 만나 보지는 못했지만, 3코스의 고인돌군을 마주하게 된 것만으로도 가슴이 두근거렸던 탐험이었다. 정말 '모로(최고)'다!

탐험을 떠나기 전, 알아보아요!

고창 고인돌박물관은?

고창 지역 고인돌은 1965년에 처음 조사되어 현재까지 185개 군집에 1,600여

기 이상이 확인되고 있어요. 특히 죽림리와 도산리 일대의 밀집 분포는 세계

적으로 드문 사례로, 다양한 형식이 나타나 학술 가치가 높습니다.

고창 고인돌박물관은 청동기 시대의 각종 유물 및

생활상, 고인돌과 관련된 모든 정보를 살펴볼 수 있

는 고인돌 유적 전문 해설 전시 공간으로 2008년에

개관했으며, 고인돌이 단순한 바위 무덤이 아니라 역

사의 숨결이 깃든 상징물임을 가까이서 느껴볼 수

있는 곳입니다. 2022년 상설전시실을 전면 개편해서

재개관했어요.

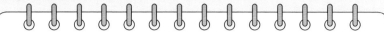

조금 더 알아보아요!

고인돌은 무엇인가요?

고인돌은 일본에서는 지석묘, 중국에서는 석붕, 유럽 등지에서는 돌멘으로 불리는 청동기 시대 대표적인 무덤입니다. 고인돌을 괸돌이라고 부르기도 하는데 '고여 있는 돌'에서 이름이 유래했다는 것을 알 수 있어요. 고인돌을 세우기 위해서는 수십 명 이상의 인력이 필요했기에 부족장 또는 권력층의 무덤으로 추정되고 있으며, 대부분 무덤이지만 신전이자 제단의 기능도 겸했다고 해요.

우리나라 고인돌 문화는 청동기 시대 전기부터 초기 철기 시대까지 약 1000년간 존속되었고, 방사성탄소연대 측정과 껴묻거리 유물을 볼 때 기원전 800년경부터 기원전 400년경까지 축조가 활발히 이루어졌으리라 보고 있습니다.

고인돌의 기원에 대해서는 다양한 의견이 있지만, 대형 탁자식과 바둑판식 고인돌은 세계 어느 지역에서도 그 기원을 찾을 수 없으며, 주변 지역의 고인돌보다 축조 시기가 빠르거나 같다는 점에서 **고인돌의 한반도 자체 발생설**도 큰 힘을 얻고 있어요.

무엇보다 세계의 고인돌 중 절반 이상인 4만여 기가 한반도에 밀집 분포되어 있고, 형태 또한 다양하기에 고인돌 문화가 가장 성행하고 발달한 곳이

우리나라라는 점은 분명합니다.

　2000년에 고창 죽림리와 도산리, 화순 효산리와 대신리, 강화 부근리, 삼거리, 오상리 고인돌군이 세계문화유산으로 등재되었고, 세계 거석문화의 중심지가 될 수 있었답니다.

세계유산이 무엇인가요?

　세계유산은 1972년 **유네스코 세계 문화 및 자연유산의 보호에 관한 협약**에 따라 등재된 탁월하고 보편적 가치를 지닌 각국의 유산을 의미해요. 유산의 종류로는 문화유산과 자연유산, 복합유산이 있지요.

　우리나라가 보유하고 있는 세계유산은 현재 총 15건으로, **해인사 장경판전, 종묘, 석굴암과 불국사, 창덕궁, 수원화성, 고인돌 유적, 경주역사지구, 제주화산섬과 용암동굴, 조선왕릉, 역사마을 하회와 양동, 남한산성, 백제역사지구, 산사와 산지승원, 서원**, 그리고 **한국의 갯벌**입니다.

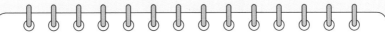

인물을 소개합니다!

김병모

우리나라 1세대 고고학자이며, 고인돌의 기원에 관해 많은 연구를 했어요. 그러던 1997년 여의도의 한 식당에서 "세계유산으로 고고학 문화재를 신청해보자" 하고 처음 제안했습니다. 그리고 남한에만 3만 5,000개가 넘는 고인돌을 그 대상으로 추천했지요. 세계문화유산 등재를 위해 준비위원회와 세계거석문화협회를 만들고, 세계 전문가를 모아 설득하는 등 열정적인 노력 끝에 결국 2000년 한국 고인돌은 세계유산에 등재될 수 있었습니다.

▲ 고인돌 세계유산등록 특별우표

김병모 교수님에 대해 더 자세히 알고 싶은 분은 하단의 큐알코드를 참조해주세요.

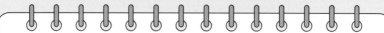

탐험 팁과 이모저모!

- 매표 시 티켓 구매 상당의 지역 상품권인 **고창사랑 상품권**을 줍니다.
- **죽림선사마을**에서 다양한 체험을 운영하고 있어요. 반달돌칼 만들기와 돌화살촉 만들기는 특별한 체험이지요. 입장권 결제 시 선택합니다.
- 탐방차량으로 **모로모로열차**와 **탐방버스**가 있습니다. 1시간 단위로 운행하니 미리 운행 시간을 확인하고 매표해두는 것이 좋아요. 운행 소요 시간은 약 30분이고, 고인돌군과 죽림선사마을 앞에서 잠시 정차하는데, 다음 차량으로 바꿔 탈 수는 없다고 합니다. 죽림선사마을에서 선사체험 후 도보로 돌아오는 '열차+도보 코스'를 추천합니다.
- 죽림선사마을에서는 **고창 고인돌 AR** 앱을 내려받아서 체험할 수 있어요. 선사마을 곳곳에 숨겨진 청동검 부품을 모으는 증강현실 체험이라고 해요.
- 주차장 가까이에 카페 등 편의 시설이 있습니다.
- **디지털 관광주민증** 사용 및 혜택이 가능한 박물관이에요.
- 문화관광해설사와 함께하는 1시간 이상의 해설 투어가 가능합니다.
- 홈페이지에서 **탐방코스 VR 보기**를 할 수 있습니다.

조윤 대장의 탐험 일지

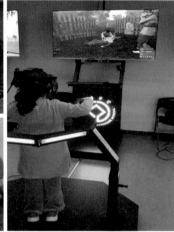

무엇무엇이 기억에 남았나요?

청동기 사람들이 반달돌칼로 농사짓는 모습과 고인돌 만드는 모습이 기억난다.

어떤 생각과 느낌이 들었나요?

청동기 사람들이 고인돌을 만들었을 때 무거워서 힘들었을 것 같다.

무엇이 궁금해졌나요?

세계에서 가장 큰 고인돌은 무엇일까?

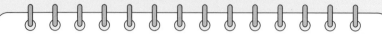

탐험 대장의 궁금증

세계에서 제일 큰 고인돌은 무엇인가요?

현재 세계에서 가장 큰 고인돌은 2007년 찾은 경남 김해시 **구산동 고인돌**이며, 무게가 350t이나 됩니다. 이전까지 가장 큰 고인돌은 280t의 전남 화순 고인돌이었지요. 피라미드에 사용된 돌의 평균 무게가 2.5t, 가장 큰 모아이 석상이 75t, 스톤헨지의 돌이 50t

[사진 출처 : 한겨레]

인 것을 생각할 때 350t은 어마어마하게 큰 고인돌이에요.

그런데 2022년 문화재에 대한 이해가 부족했던 공무원과 토목업체가 전문가 동의 없이 구산동 고인돌의 박석과 기단을 뽑아 훼손시키고, 그 아래 있던 청동기 생활유적도 갈아엎은 안타까운 참사가 발생했어요.

문화재를 존중하고, 보존과 관리하는 원칙을 잘 수립해야겠습니다.

또 다른 탐험을 추천합니다!

* **강화 고인돌공원** : 강화역사박물관, 자연사박물관과 함께 있으며, 공원 탐방로 곳곳에서 세계유산에 등재된 16기의 고인돌을 만나 볼 수 있습니다. 또한 5월과 9월경에는 **강화 고인돌 선사체험**이 열립니다.

10

부여

송국리 유적_부여 송국리 유적 문화관

주소 충남 부여군 초촌면 선사로 197 **연락처** 041-833-2720
운영 10 : 00 ~ 17 : 00 **휴무** 월요일, 신정, 설날, 추석
요금 입장료 무료, 주차료 무료
시간 약 1시간 소요

(2024년 2월 22일 기준)

교차로에 놓인 거대 금동대향로 조형물을 지나 시내로 접어든다. 백제의 향기가 감도는 도시, 부여다. 하지만 오늘의 목적지는 백제가 아닌 청동기 시대이기에 교외로 좀 더 달려가본다.

　스쳐 지나가는 '부여 송국리 유적' 표지판이 소나무와 국화가 많은 동네, 송국리에 도착했음을 알려준다. 임시전시관만 있다는 글을 보고 우려되었는데, 멋진 관문을 보니 다시 기대감이 생긴다.

　이곳을 찾을 수밖에 없었던 이유, "우리나라 청동기 시대의 대표적인 유적지는?"이라는 질문을 던졌을 때, 수능을 준비했던 우리는 송국리 유적에 형광펜을 그었던 기억을 떠올릴 것이기 때문이다. 또 지금까지 다녀본 청동기 유적지에서 숱하게 보아온 '송국리형 토기', '송국리형 집자리', '송국리형 문화', '송국리 유형' 등, 송국리를 빼고 한국의 청동기를 논할 수 있겠는가.

　하지만 도착한 곳에는 '부여 송국리 유적 문화관'이라고 붙어 있는 컨테이너 하우스 두어 동과 건물 한 동이 조촐히 놓여 있을 뿐이었다. 사전에 정보를 찾아보고 규모가 크지 않을 것이라는 예상을 했지만, 전

시관이나 체험관이라 부르기에는 아쉬운 임시 건물에 자꾸 주변을 두리번거리게 된다. 그 모습을 보고 마음을 이해하셨는지 어르신 한 분이 옆 건물에서 나와 우리에게 다가오셨다.

어르신께서는 백발이 성성한 연세임에도 두 눈 가득 총기를 빛내며, 송국리 유적에 대해 막힘없이 설명해주신다. 경험에서 우러난 자세한 설명에 어른도, 아이도 할아버지의 옛날이야기를 듣듯이 푹 빠져서 듣게 된다. 바로 송국리 유적을 찾게 되면 뵐 수 있는 귀인, 송국리 유적 명예 문화관광해설사 인국환 선생님이셨다.

선생님은 1974년 유적 발견 현장에 처음 계셨던 분이다. 모든 송국리 유적의 발굴사를 직접 보시고 세세히 기억하고 계시며, 투철한 사명감으로 이곳을 지켜오고 계신 분이다. 그래서 유홍준 작가의 《나의 문화유산 답사기》 6권에도 당시 부여송국리유적 정비지원추진위원회 위원장을 하신 인국환 선생님과의 인연이 담겨 있다고 한다.

부여 송국리 유적은 50년에 가까운 시간 동안 27차 발굴이라는 여타 선사유적지와는 비교할 수 없을 정도로 많은 횟수의 발굴 작업을 했고 현재도 진행 중이다. 다른 곳에서 나오지 않는 특별한 유물들을 포함해 1,500점 이상의 많은 유물이 출토되었고, 지금도 계속 출토되고 있다고 한다. 그리고 더 놀라운 점은 국가 사적으로 지정된 16만 5,000평 중 아직 60%도 발굴 조사가 완료되지 않았다는 점이다. 과거 이곳에 있었을 청동기 마을의 규모와 유물의 양이 감히 머릿속에 그려지지 않는다.

송국리 유적은 교과서에서도 중요하게 다루고 있고, 《나의 문화유산 답사기》에 등장한 이후 관람객이 많을 때는 버스 10대도 주차장을 채

웠다고 한다. 하지만 2000년에 세워진 이 임시전시관은 24년째 전시물도 전혀 재단장이 되지 않은 데다가, 진품 유물이 없고 복제품과 사진만 있기에 점차 관람객은 유물이 소장된 다른 박물관을 찾아 떠나고 이곳을 찾지 않게 되었다고 하셨다.

이처럼 현재 발굴이 진행 중인 중요한 유적인데, 왜 지원 예산이 확보되지 않으며, 또 왜 현장에 유물 소장이 안 되는 것일까?

첫째, 지원이 부족한 이유는 부여가 2015년 백제문화 유산으로 세계유산에 등재되면서 모든 중점이 백제문화에 맞춰지고 있기 때문이다. 부여 시내에는 '백제문화단지'가 세워지고 대규모 복원 사업과 축제 등 사업이 활발히 진행되는 반면, 상대적으로 부여 외곽에 있는 송국리 유적은 관심 밖의 대상이 되어버린 것이다.

하지만 백제문화가 꽃피우기 위해서는 이 지역의 청동기문화 또한 그 기틀이 되었을 것이다. 백제문화복원 지원금의 일부라도 투자를 분산했으면 현재 이처럼 송국이 유적 현장이 초라하지는 않았을 것이고, 더 나아가 세계유산에 우리나라 청동기 유적이 한 곳 더 등재될 기회가 되었을지도 모른다.

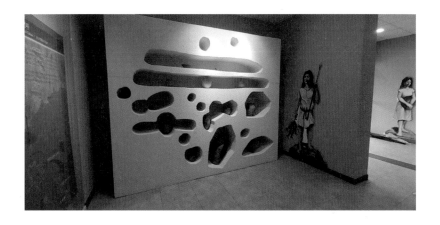

물속에 잠긴 진주 대평리 유적도 큰 전시관을 세워 과거를 되새기고 자 하는데, 수십 년째 매입도 되지 못한 송국리의 넓은 사적은 지금, 이 순간에도 훼손 위기에 그대로 방치되어 있으며, 그 누구의 관심도 받지 못하고 있다는 사실이 참 안타까웠다.

둘째, 왜 유적 현장에 유물 소장이 안 되고 있는가에 대한 답은, 발굴 한 박물관이 유물을 모두 가져갔기 때문이었다. 최초 일곱 차례 발굴 조사된 유물은 모두 발굴팀인 국립중앙박물관에 소장 중이고, 다음 다섯 차례 발굴한 국립부여박물관도 유물을 가져갔다. 그다음 다섯 번은 국립공주박물관이, 이후는 부여 전통문화 대학교에서 발굴해서 가져가고 있다.

내가 관련 전문가가 아니기에 무엇이 더 옳고 바람직하다고 감히 주장하기는 어렵지만, 허가를 받고 공을 들여 발굴했다고 할지라도 최소한 일부 유물은 보존 처리를 하고 난 후 현장으로 환원해 전시할 수 있도록 해야 하는 것이 아닐까. 비봉리에서 사라진 배를 보며 느꼈던, 또 고인돌박물관에서 이전된 고인돌을 보면서 느꼈던, 제자리를 찾지 못한 유물들에 대한 아쉬움이 커진다.

모든 유물을 멀리 떨어진 박물관의 유리관 속에 넣어버린다면, 이후이 터전, 그리고 유물들은 우리에게 무슨 이야기를 얼마나 전달할 수 있을 것인가. 우리는 동물원의 북극곰을 보며 그들의 본래 삶의 모습을 그려보기 어렵다. 현장에서만 보고 느낄 수 있는 것들이 있기 때문이다. 물론 유물의 보존과 관리가 어려운 환경이라면 이전시킬 수도 있을 것이나, 가능하다면 본래 그것이 있어야 할 곳으로 환수시키는 것 또한 문화재를 대하는 올바른 시각일 것이다.

송국리 무덤에는 석관묘, 옹관묘, 그냥 땅에 묻은 토관묘의 3가지 형태가 모두 보인다고 한다. 옹관은 특히 옥 장신구가 많이 나오는데 비교적 경제적으로 부유한 사람들이 매장한 형식으로 추정된다.

또한 송국리 토기 속에서 탄화미가 395g이나 나왔다는 것도 알게 되었다. 물론 소로리 등 다른 곳에서도 탄화미가 발견된 적이 있지만, 대부분 그 양이 적어서 농경의 증거라고 단정 짓기 어려웠는데, 송국리에서는 집터에 있던 토기 안에서 대량의 탄화미와 잡곡류가 나옴으로써 청동기에 벼농사를 짓고 밥을 해 먹었다는 사실이 입증되었다.

강인욱 교수 역시 2023년 발표한 〈벼농사 중국 양쯔강 유역 기원설과 한반도 전파설〉에서 "남한으로 들어온 쌀농사가 우리나라에서 성공적으로 안착한 지역은 3000년 전 금강과 호남의 너른 평야가 있는 지역이다. 고고학자는 이 최초의 쌀 농사꾼을 송국리 문화라고 부른다"라고 해석했다. 또한 이전까지는 일본이 한국에 벼농사를 전파했다는 학설이 있었지만, 이 발견으로 인해 한국에서 일본으로 벼농사가 전파되었음이 확실시되었다.

또 유적에서 가락바퀴가 많이 발굴되었는데, 베를 짜고 직조하는 기술이 발전해 당시 청동기인들이 베옷을 입었다는 사실도 확인되었다. 청동기 후기에 나온 거푸집도 있었다. 지금도 한국사 시간에 '거푸집은 철기 시대'로 구분해서 배우는 것으로 아는데, 송국리 유적을 통해 다시 확인해볼 필요가 있겠다.

이 외에 인상 깊었던 전시물은 발굴된 집터의 내부를 재현한 모형, 옥 장신구와 비파형 동검의 모형, 그리고 재현한 송국리형 토기였다.

비록 전시물은 부족했지만, 선생님의 해설로 많은 정보를 얻고, 유적과 유물에 대해 다시 생각해보게 된 뜻깊은 시간이었다.

전시실 관람이 끝나자 잠시 들어왔다가 가라 하시며 본관 안내도 해주시고 다른 직원분들도 소개해주셨다. 바로 옆 건물인 본관은 교육실을 비롯해 각 공간이 깔끔하게 잘 관리되어 있다. 토기를 만들 수 있는 체험실도 있었는데, 체험용 미니 토기가 아니라 회전판을 돌려 진짜 토기를 만드는 도예 공간이었다. 도예 전문가 선생님이 계시며, 송국리형 무문토기의 제작 기법을 전수하고 계시다 한다.

인국환 선생님은 열악한 환경과 지원 속에서도 이곳에 대한 애정과 사명감으로, 2012년 기존 '송국리 선사 취락지'라는 명칭에서 '부여 송국리 유적'으로 격상시키는 데 일조하셨다. 하지만 여전히 제대로 된 전시관이 없어 찾아오신 분들에게 미안한 마음이라 하시며, 이제는 연세가 여든이 넘으셔서 모두 명예직으로 전환하시고 역할을 내려놓으셨지만 그래도 손님이 오면 한 명, 한 명 맞이하고 해설해주신다고 한다. 차담 시간을 갖다 보니 송국리 유적을 사랑하시는 마음이 더 존경스럽고, 감사하게 생각되었다.

나중에 연락하고 오라며 배웅해주시는 선생님께, 건강히 지내시라고 인사말을 건넸다. 전시관이 번듯하게 세워지고 다시 뵐 수 있었으면 한다. 그리고 선생님처럼 묵묵히 역사의 전달자이자 관리자 역할을 이어갈 수 있는 사람들이 많아지기를 기원한다.

전시관에서 유적지까지는 500m 외길이지만 차로 조심스레 올라가 볼 수 있다. 드디어 우리나라 청동기 역사의 문을 열었던 석관묘 앞에 도착! 그런데 지금까지 탐험 중 이처럼 당황해본 적이 있었을까?

'여기가 석관묘 유적이 맞나, 모형인가?'라고 의심하다가, 안내문을 읽어보고 가슴이 턱 답답해진다. 위의 좌측 사진에서 아이가 놀이터인 줄 알고 철없이 밟고 뛰어가는 저곳이 바로, 최초로 비파형 동검과 곡옥이 출토된 '1호 석관묘'와 옹관묘들이 있던 자리다.

발굴 유적지는 당연히 서울 종로 시전행랑 유적처럼 강화유리로 덮어서 보존하거나, 공평동 옛터처럼 땅을 훼손하지 않고 보관해야 함이 마땅하다. 이후 다른 곳에서도 송국리와 같은 타일 복원 형태를 본 적은 있다. 하지만 유물을 모두 출토했다고 할지라도, 그 터를 아스팔트로 덮어버린 후 타일 위에 구조도만 그려놓는 것을 과연 보존이라고 부를 수 있을까? 이렇게 청동기 지도자 집단의 무덤 6곳은 주변까지 아주 깔끔하게 다듬어져 있었다.

몇 걸음 올라가보니 더 설명하기 힘든 모습들이 나타났다. 허물어진 목책과 환호는 추후 다시 복원할 예정이라고 되어 있지만, 복원 움집이 있는 땅이 모두 다 회색 시멘트로 도포되어 있다. 원형 움집터에는 토기 하나 덩그러니 고정되어 있고, 방형 움집터는 내부마저도 시멘트로 덮여 있다.

시멘트 바닥 위에 있는 놓여 있는 움집들을 보니 역사 유적이 아닌 테마파크에 와 있는 기분이다. 전시실에서 일본 요시노가리 복원 유적 사진을 보고 '이게 무슨 청동기 시대야'라고 생각하며 웃음 지었던 내가 부끄러워졌다. 무책임하게 시멘트로 덮어버리고 무관심하게 내버려둔 우리 역시 나을 바가 없다는 생각에 입안이 쓸쓸했다.

국가 유산의 보존과 복원은 다양한 사례 조사와 전문가의 조언을 통해 매우 신중하게 이루어져야 한다는 점을 다시금 깨달았다.

내가 생각한 구석기 시대의 '찬란하고 참담한' 유적은 흥수아이가 발견된 동굴이었다. 무관심으로 방치되어 있다가 지금은 그 위치조차 특정하지 못하고 있다. 그리고 청동기 시대의 '찬란하고 참담한' 유적은 부여 송국리 유적이다. 교과서에서 중요하다고 강조하던 송국리 유적 현장에는 유물은 없고, 오로지 인국환 선생님 한 분만이 계셨다.

올해부터 방문자센터를 짓겠다고 하니 실낱같은 희망을 품어본다. 부디 송국리 유적이 애정과 관심으로 되살아나기를.

탐험을 떠나기 전, 알아보아요!

부여 송국리 유적은?

국가 사적 부여 송국리 유적은 청동기 시대 대규모 마을 유적입니다. 전담 해설사 인국환 선생님의 설명을 듣고 발견 경위를 옮깁니다.

1970년대 송국리에도 야산을 개발해 농지로 바꾸는 국가사업이 시작되었어요. 당시에는 땅을 평탄화하고 길을 만들던 중 유물이 출토되어도 그대로 훼손시키고 개발을 강행하는 경우가 많았지요. 학자들이 모여서 이에 반대했고, 결국 야산 개발은 중단되었습니다.

그러던 1974년, 마을 주민 故 이은상 씨는 선산에 어떤 사람들이 모여 있는 것을 보고 다급히 쫓아갑니다. 처음 보는 그들은 무덤 옆쪽에 땅을 파며 서로 웅성거리고 있었어요. 연유를 묻자 머뭇거리며 무언가를 찾고 있다고 했어요. 사실 그들은 이곳에서 유물이 출토된다는 소식을 듣고 찾아온 도굴꾼들이었습니다. 땅을 찔러 보다가 넓은 면적이 탐지되자 모여 있던 것이지요. 인터넷상에는 마을 주민 최 씨가 먼저 발견하고 신고했다고 하는 잘못된 정보가 있는데, 최 씨는 도굴꾼 중 한 명이었고 실제는 당시 땅 주인이었던 이은상 씨가 신고했다고 합니다. 땅 주인이었던 이은상 씨와 당시 마을 공무원이던 인국환 선생님이 처음 현장을 확인한 후 중요한 유적이라 판단되어 보고했고, 이후 국립중앙박물관 발굴팀이 나와 발굴을 진행하게 됩니다. 커다란 돌 뚜껑을 걷어내자, 석관이 나타나고 검게 변한 지도자의 시신과 유물 33점이 출토되었어요. 그리고 그중에는 비파형 동검이 있었지요.

송국리 유적이 발견되기 전에는 한반도에 청동기 시대는 없고, 석기 시대

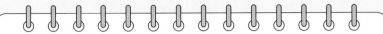

만 있었다고 알려져 있었어요. 하지만 이때 비파형 동검과 청동기 유물들이 발견되면서 한국사가 새로 쓰이게 되었어요. 그리고 이후 현재까지도 지속해서 특별한 유물들이 발굴되고 있답니다.

부여 송국리 유적 문화관은?

1990년대부터 인국환 선생님은 더 이상 현장이 방치되어서는 안 된다는 생각으로 적극적인 건의를 하셔서, 결국 2000년 복원계획 수립을 끌어내고 임시전시관을 세우셨지요. 최근에는 옆에 체험관이 추가되어 토기 만들기 체험 장소가 마련되었어요. 아직 다른 전시관에 비해 미흡한 실정이지만, 2024년부터 450평 규모의 방문자센터를 세울 예정이라 하니, 희망을 품고 새롭게 태어날 전시관을 기다려보아요.

조금 더 알아보아요!

송국리 문화는 무엇인가요?

왜 송국리에서 청동기 문화가 번성했을까요? 이강승 교수는 "금강 샛강이 주변에 있어 물이 풍부하고, 토지가 넓어 농사짓기 좋고, 나지막한 표고 50m 내외의 야산이 둘러싸고 있어 적과 야생동물의 침입을 막기 쉽다. 이 세 가지 필수요소를 모두 완벽하게 갖춘 곳은 송국리 유적뿐이다"라고 말했습니다.

실제로 야산 정상을 따라 목책을 세운 흔적이 있는데, 송국리는 목책과 환호의 이중 방어 흔적이 모두 발견된 유일한 유적이라고 해요.

또 내부에 타원형 구덩이를 파고, 주변에 기둥을 세운 후 원형 또는 장방형으로 집을 지은 집터가 무려 200여 곳이 나왔어요. 이를 **송국리형 집터**라고 지칭해요.

이곳에는 질 좋은 황토가 많은데, 1978년에 발굴 시 토기를 만든 가마와 도구가 발견되면서 청동기 토기를 제작한 곳임이 확인되었지요. 여기서 만들어진 형태의 무문토기를 **송국리형 토기**라고 합니다.

이런 요소를 합쳐 **송국리형 문화**라는 용어가 발생했으며, 시대를 잇는 중요한 교두보로 보고 있습니다.

▲ 송국리형 토기

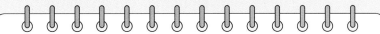

송국리 문화는 어디까지 퍼져나갔나요?

송국리 문화라고 불린 독창적 문화는 한반도 남부 지방과 제주도를 거쳐 일본 규슈 지역까지 파급되었고, 야요이 문화 형성에 지대한 영향을 주었다고 해요. 대표적으로 1986년 일본에서 발견된 12만 평 규모의 요시노가리 유적이 있지요. 송국리 유적보다 200년 뒤에 생겼는데 지형부터 송국리와 매우 유사하고, 송국리 문화의 집터와 토기, 숫대, 환호와 목책, 농경 문화 등이 그대로 보여요. 이 때문에 송국리인들이 바다를 건너가서 형성한 문화라는 설도 있지요.

일본에서는 요시노가리 역사공원을 만들었고, 해마다 100만 명 이상의 관광객이 오갔어요. 하지만 복원 시 반듯한 통나무를 쓰거나, 후대의 일본 가옥 형태로 복원하는 등 과장해서 잘못 복원했지요. 결국 등재 가치가 없다고 판단한 유네스코는 세계유산 등재 신청을 거부했어요.

우리는 비록 늦었지만, 사실에 근거해서 제대로 복원해야 할 거예요.

▲ 요시노가리 역사공원

인물을 소개합니다!

인국환

　1974년 송국리 유적 발견 현장에 처음 함께 계셨던 것을 인연으로, 50년 동안 송국리 유적과 함께해오신 유일한 분입니다. 직접 도굴꾼도 쫓고, 사람들이 유적지의 황토 흙을 가져다 쓰는 것도 못 하게 하셨지요. 2000년 전시관이 세워진 후에는 홀로 24년간 송국리 유적 전담 해설사 역할을 해오셨고, 직접 모든 발굴 과정을 보고 관리해오셨어요. 아직 안타까움도 많지만 이만큼 송국리 유적이 알려져서 다행이라 하시며, 건강이 허락하는 한 송국리 유적을 사명감으로 지켜나가겠다 하셨습니다.

▲ 인국환

▲ 부여 송국리 청동기 축제

탐험 팁과 이모저모!

- 주차장에서 50m 차로 올라오면 **유적 문화관 주차장**이 있습니다.
- 현재도 부여전통문화 대학교 주관으로 발굴 조사가 계속 진행 중이기 때문에 발굴 조사하는 현장을 보실 수 있습니다.
- 체험실에서는 **송국리형 무문토기 제작 기법 및 도예 교육**을 정규 교육과정으로 운영하고 있습니다. 대상은 성인 5명 내외이며 교육비는 무료이고, 도자기 공예기능사 자격 취득 및 문화유산 계승 발전에 참여할 수 있습니다.
- 1km 거리에 **산직리 고인돌**이 있습니다. 예로부터 마을에서 기우제도 지내고 기도했던 곳이라고 합니다. 그 전통을 살려 살려 2006년부터 풍년기원제를 지내고 있으며, 2024년 4월, 16회 풍년기원제가 있었습니다.
- **부여 송국리 청동기축제**가 풍년기원제와 통합 추진되면서 현재는 2022년, 2024년과 같이 격년 운영하고 있습니다. 축제 기간에 다양한 행사는 물론 반달돌칼로 벼이삭 수확하기, 송국리형 토기에 밥 지어 먹기 등의 청동기인 식문화 체험, 창 던지기 수렵 체험도 진행했다고 합니다.
- 2024년에 **방문자센터**를 착공할 예정입니다.

조윤 대장의 탐험 일지

무엇무엇이 기억에 남았나요?

청동기인들이 살던 집자리 유적이랑 전시되어 있는 토기를 봤다.

어떤 생각과 느낌이 들었나요?

옷과 옥목걸이를 보니 청동기 사람들은 예쁘게 하고 다녔을 것 같다.

무엇이 궁금해졌나요?

청동기 시대에는 어떻게 족장이 됐을까?

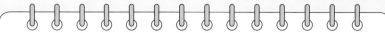

탐험 대장의 궁금증

청동기 시대에는 어떻게 족장이 될 수 있었을까?

청동기 시대에는 한곳에 정착해서 모여 살면서 농사를 짓기 시작했어요. 그리고 식량을 많이 보유하게 된 부유한 사람들과 청동 무기를 소유한 힘센 사람들이 지배층이 되지요. 그들은 마을 사람들을 이끌고 이웃 마을을 정복해 창고를 약탈하며, 이웃 마을 사람들을 노예로 삼아 세력을 키워나갑니다. 전쟁에 승리해서 인정받은 자는 청동 무기와 청동거울을 갖춘 족장(군장)이 되어 사유재산과 제사권, 전쟁 지휘권을 갖고, 계급사회를 이끌어갈 수 있었습니다.

또 다른 탐험을 추천합니다!

• **제주 삼양동 선사유적지** : 청동기부터 철기 시대까지 많은 사람이 모여 마을을 이루고 살았던 곳이기에, 후기 청동기 시대 문화를 이해할 수 있어요. 전시실 밖 선사주거지에는 실제 크기 움집 13동이 복원되어 있지요. 또한 홈페이지의 3D 가상전시관에 접속하면 시간과 장소에 상관없이 전시관을 관람할 수 있답니다.

청동기 여행 후기

1. 청동기 여행은 어땠나요?

마지막 탐험지를 떠나 돌아오는 길에 아이들에게 선사 시대 한국사 문제를 찾아서 내보았어요. 잘 기억하고 문제를 맞히는 모습을 보니 뿌듯했습니다. 물론 예전에는 이렇게 박물관 등이 잘 되어 있지 않았기에 훨씬 어려웠겠지만, '만일 나도 이렇게 역사를 배웠더라면 얼마나 좋았을까?'라는 생각도 들었어요. 이렇게 몸으로 공부한 아이들은 우리 세대보다는 더 우리의 역사를 오래 기억하고 깊이 생각할 것이라는 믿음이 생겼습니다. 그리고 나 자신도 역사를 다시 생각해보게 됩니다. 알고 있다 생각했지만 잘 몰랐던, 또 가까이 있었지만, 유심히 살펴보지 못했던 청동기 시대였습니다.

청동기 유적의 훼손과 방치는 심각한 수준이라고 생각됩니다. 특히 무지해서 그렇다기보다 경제적 이익이 되지 않기 때문에 고의로 훼손하거나 방치하는 사례 또한 많아 안타까움이 커집니다. 일례로 서울지역 고인돌은 1980년대까지 40여 기가 있었지만, 도시개발로 인해 거의 다 사라지고 이제는 고작 3~4기만이 남아 있어요. 다른 시대보다 뒤늦게 찾아낸 시대인 만큼 소중히 보존되기를 바랍니다.

2. 여행지를 추천한다면?

청동기 시대는 전기, 중기, 후기의 특징을 명확하게 구분하기 어렵기에 순서 없이 탐험해도 큰 문제가 없습니다.

가장 추천하는 장소는 진주 청동기 문화 박물관입니다. 유물도 풍부하고 남부 지방 청동기 문화를 한눈에 정리해볼 수 있어요. 그리고 고창 고인돌박물관의 탐방 체험도 개인적으로 추천합니다. 지식의 확장도 중요하지만, 거대한 유적을 눈앞에 마주함으로써 선조들과 소통하는 특별한 경험이 될 것입니다. 송국리 유적은 현재로서는 아쉬움이 많이 남지만, 방문자센터가 완공되고 다시 찾아보면 좋겠습니다.

3. 어려운 점은 무엇이었나요?

비가 와서 체험이 어려웠던 부분들도 있었지만, 무엇보다 경남, 전북, 충남을 여행하려니
이동시간이 상당했습니다. 동선을 잘 고려해 탐험하거나, 1~2곳을 정해 탐험한 후, 비슷
한 시기인 고조선 유적을 찾아보는 것도 하나의 방법일 것 같습니다.

신석기

여행 장소

여행 날짜

여행 소감

여행 장소

여행 날짜

여행 소감

여행 장소

....

여행 날짜

....

여행 소감

여행 장소

....

여행 날짜

....

여행 소감

여행 장소

여행 날짜

여행 소감

여행 장소

여행 날짜

여행 소감

여행 장소

여행 날짜

여행 소감

여행 장소

여행 날짜

여행 소감

여행 장소

여행 날짜

여행 소감

여행 장소

여행 날짜

여행 소감

여행 장소

여행 날짜

여행 소감

여행 장소

여행 날짜

여행 소감

여행 장소

여행 날짜

여행 소감

여행 장소

여행 날짜

여행 소감

여행 장소

여행 날짜

여행 소감

여행 장소

여행 날짜

여행 소감

가족과 함께, 신나는 역사 체험 여행
우리 가족 탐험대의 역사 타임머신

제1판 1쇄 2024년 7월 29일

지은이 조성군
펴낸이 한성주
펴낸곳 ㈜두드림미디어
책임편집 최윤경, 배성분
디자인 노경녀(nkn3383@naver.com)

㈜두드림미디어
등 록 2015년 3월 25일(제2022-000009호)
주 소 서울시 강서구 공항대로 219, 620호, 621호
전 화 02)333-3577
팩 스 02)6455-3477
이메일 dodreamedia@naver.com(원고 투고 및 출판 관련 문의)
카 페 https://cafe.naver.com/dodreamedia

ISBN 979-11-93210-86-4 (13980)